教育部统编语文教材配套名著
"整本书阅读"书系

聂震宁 总主编
全民阅读发起人
朱永新 总主编
当代教育名家

寂静的春天

[美]蕾切尔·卡逊 ◎著

高　晶 ◎译

人民出版社

策　　划:刘　恋　张世哲

责任编辑:于海梅

责任校对:温　颖　盛　叶

装帧设计:重庆五洲教育研究院

图书在版编目(CIP)数据

寂静的春天 / (美) 蕾切尔·卡逊著;高晶译. — 北京:人民出版社,2020.4

(教育部统编语文教材配套名著"整本书阅读"书系/朱永新,聂震宁总主编)

ISBN 978-7-01-021708-6

Ⅰ.①寂… Ⅱ.①蕾…②高… Ⅲ.①环境保护 – 青少年读物 Ⅳ.①X-49

中国版本图书馆CIP数据核字(2020)第005412号

寂静的春天

JIJING DE CHUNTIAN

[美]蕾切尔·卡逊　著

高　晶　译

人 民 出 版 社 出版发行

(100706　北京市东城区隆福寺街99号)

重庆市联谊印务有限公司印刷　新华书店经销

2020年4月第1版　2020年4月重庆第1次印刷

开本:787毫米×1092毫米　1/16　印张:15

字数:206千字

ISBN 978-7-01-021708-6　定价:35.80元

发行电话:(010)65258589　65181181

编审委员会

钟　亮　四川省语文特级教师

陈家武　四川省语文特级教师

王光佑　四川省语文特级教师

宋胜杰　吉林省教育学院语文教研员

孙立权　吉林省语文特级教师

王　荣　浙江省优秀教研员

贾龙弟　浙江省语文特级教师

杨淑娉　浙江省语文特级教师

徐建利　浙江省语文特级教师

朱昌元　浙江省语文特级教师

丁亚宏　河南省语文教研员

焦文林　河南省语文特级教师

吴　伟　河南省教育学会语文教育专业教研员

费明富　河南省语文特级教师

蔡宏丽　河南省语文特级教师

常作印　全国优秀语文教师

高江海　河北省语文特级教师

张永军　河北省语文特级教师

朱凤岚　河北省语文特级教师

丁卫军　江苏省语文特级教师

李仁甫　江苏省语文特级教师

崔益林　江苏省语文特级教师

卢世国　江苏省语文特级教师

孙晋诺　江苏省语文特级教师

高行亮　江苏省语文特级教师

张春华　江苏省无锡市语文教研员

闫会才　山东省语文特级教师

蒋文学　山东省语文特级教师

任　玲　云南省语文特级教师

杜　侦　江西省教育厅教研室研究员

黄上庚　江西省语文学科带头人

邱员太　江西省语文特级教师

刘京平　江西省语文特级教师

李庆陆　江西省语文教研员

马文科　教育部领航工程语文名师

赵克明　安徽省语文特级教师

谢　炜　海南省资深语文教研员

青少年阅读决定着民族未来

一个国家青少年阅读的高度决定了这个国家的民族精神的高度。从这个意义上说，青少年阅读决定着民族的未来。

童年一闪而逝，青少年瞬间成人。如果我们认真、用心地研究青少年，如果我们用立体的思考对待青少年的阅读，我们一定会发现，人类文明的王冠之上，最为娇嫩也是最为美丽的那颗珍珠，就是青少年的精神世界。

格林说，所有的童书都是预言书。早期阅读对人们的影响无疑是刻骨铭心的，是塑造精神趣味与人格倾向的，自然，也是多少能够预测未来的。对于青少年而言，阅读是帮助他们认识世界，形成对人生、对未来的基本态度和价值观的最主要的途径。阅读要给予他们更多的光芒。这种光芒将与青少年的内心交相辉映，产生蓬勃的希望，成为改变世界的力量，引领他们不断向前。

就像我们早期着迷的食物大致显示了我们的躯体特征一样，我们的精神气质多少与青少年时期的阅读有关。这是一个互为依赖互为作用的过程。我们吃过的东西在塑造了胃口的同时也塑造了人自己。选择怎样的书，就会培养出怎样的人。因此，我们要选择真正能够打动青少年的心灵的、既有意义又有趣味的书籍。

没有谁是一座孤岛，每本书都是一个世界。正是那些伟大的书籍，把我们和整个世界，和书里书外的世界与人物联系起来。我们在物质与精神的世界中穿梭而行，书把我们心中的美好唤醒。

苏霍姆林斯基曾经说过，一个真正的人应当在灵魂深处有一份精神宝藏，这就是他通宵达旦地读过的一二百本伟大的书。其实他说的正是指青少年时代的这种阅读，纯粹，沉醉，通宵达旦，没有功利色彩，这种感觉如爱情一样深刻，从而影响人的一生。而这种对于阅读的挚爱，基于青少年时期的阅读兴趣、阅读习惯与阅读能力的培养。也正是由于这个原因，无论是作家的创作，还是出版部门的编辑，或者是发行部门的销售，心里都应该有孩子，都应该有美好。作家周大新曾经说，向孩子们推荐书的时候，应该把握两个标准：第一，这本书是否在传达爱；第二，这本书是否在告诉孩子什么东西是美。真善美，就是我们给孩子最美好的东西。

我非常高兴地看到，人民出版社根据《义务教育语文课程标准（2011年版）》中推荐的学生必读名著书目和不同年龄阶段学生的阅读需求，推出了具有"最美好的东西"的"整本书阅读书系"。我有幸和好朋友聂震宁先生一起被聘为丛书总主编，为青少年学生选编这套名著阅读丛书。

我愿意向广大师生推荐这一套凝聚了众多教育专业人士和广大一线名师心血的名著阅读精品图书。这套丛书站位颇高，根据课程标准"多读书，好读书，读好书，读整本的书"的要求，由全国众多特级教师执笔，精选统编教材整本书阅读中的必读和选读名著，进行专业导读。同时又很接地气，针对青少年在阅读中有可能遇到的障碍，结合名著阅读的规律，精心设计了"名著导读""经典插画""名师批注""读后思考""阅读笔记"等内容模块，搭建阅读支架，建立精神通道，帮助青少年习得阅读方法，促进深度阅读。

我对编者们说，要像给自己的孩子选书一样，认真负责地做好选编导读工作。同时，我不希望它成为学生的负担，成为应试的负担。而是让这套书真正成为青少年喜欢的读物。为此，编者和出版社很用心地做了大量工作，为该套书系配了精美的漫画和插图，对该套书系的经典片段进行了图解，努力消除青少年与经典名著的隔阂，唤起审美想象，提高阅读兴趣，让青少年重拾经典，爱上阅读，用书籍滋养心灵，让阅读改变生命。

我希望，中国的作家能够为孩子们创作出更多的好书，中国的出版社能够为孩子们出版更多的好书，中国的阅读推广人能够以更专业更亲切的方式帮助孩子们读更多的好书，中国的父母、教师能够拿出更多的时间与孩子一起读书。

把最美好的东西给最美丽的青少年，本身就是最美好的事情，也一定能够建设更美好的中国。那么，就让我们做最美丽的事业，为青少年阅读贡献力量，为实现中国梦而不懈努力！

朱永新

培养阅读力就是提高学习力

教育部统编语文教材配套名著"整本书阅读"书系是一套面向我国中小学生的课外阅读丛书。我有幸和好朋友朱永新先生一起被聘为该书系总主编,为青少年学生选编这套名著阅读书系。

国家教育课程规定了中小学生课外阅读的中外经典文学名著。文学名著如同一座巨大的宝库,浩如烟海,教育专家们指定学生在相应的年级段里阅读的这些名著,都是适合同学们阅读的名著经典。需要我们去认真阅读,去深刻体会。

目前,课外阅读已经成为中小学语文新课程标准课程目标的重要内容。语文新课程标准明确指出:中小学语文教学的目标是"培养学生的语文核心素养"。语文教育专家指出:在学生"听说读写"的能力中,最重要的是"读"。学生应该在中、高考的语文考试中加强阅读能力的训练,否则,有可能15%的考生做不完语文阅读试题,也就是说,一些阅读能力不强的学生将在未来的考试中落伍。这就是现在我们要把"名著阅读"作为"课程"来编选和出版的原因。

我们经过多年的研究得出的结论是:阅读力等于学习力。特别在语文学习方面,培养阅读力就是提高学习力。

什么是阅读力?这个概念当然需要做一下讨论。我们先来看看下面的几个实例。

第一个实例,是苏联大教育家苏霍姆林斯基说过的一段名言。他说:"要使得学生变聪明起来的方法,不是补课,不是加大作业量,而是阅读、阅读、阅读。" 我国许多语文教育专家还都记得苏霍姆林斯基的这段名言,可许多老师在实践中并没有按照苏霍姆林斯基说的那样去引导学生阅读。

第二个实例,是我国著名语言学家吕叔湘说过的一段名言。他说:"语文水平较好的学生,你要问他们的经验,他们会异口同声说得益于课外阅读。"但是我们的一些家长和孩子并不重视课外阅读。我们要多阅读课外名著,掌握阅读的技巧和方法,才能提高我们的阅读力,才能开阔我们的眼界。

第三个实例，是全国著名特级教师于永正总结的经验。他说："提高孩子语文成绩其实就是那么简单：少做题，多读书，好读书，读好书，读整本的书。只要抓住'读写'这两条线不放，即按照语文教学的规律去做，孩子就一定会有好的语文素养。"于永正老师认为，学习成绩好的学生，他的学习能力不一定强，而阅读能力强的学生他学习能力就一定也是强的。于永正老师是这么说也是这么做的，按此经验他培养出了许多优秀的学生。

第四个实例，是关于杨巧云老师带领班级学生阅读和写作的事情。有一年，吉林省吉林市丰满区教育局对全区小学六年级学生做过一次统一测试，发现在3 000多名学生中语文成绩排在前17名的学生全部来自丰满区第二实验小学杨巧云老师所教的那个班。杨老师班上其他学生也都排名靠前。而且该班的学生数学成绩也不错。杨巧云只是一位普普通通的老师，怎么就能在一所普通学校的普通班里教出语文成绩这么优秀的学生呢？省教育厅派专家来调查，杨巧云老师说，六年来，她就带领学生做了两件事，一是读书，大量地读课外书；二是写日记，有话则长，无话则短，但要坚持写。别的家庭作业基本上没有。于永正老师对此评价道："靠自己读书成长起来的学生，不但结实，而且有可持续发展的后劲。"

从以上四个实例来看，阅读的重要性已经非常明显了。不过，有的同学还是认为自己的学习成绩不好是因为没有死记硬背复习资料，而并不是没有阅读课外书籍。但是，靠自己读书成长起来的学生，才能有"可持续发展的后劲"。我国教育界正在按照素质教育的要求大力推动课程改革，也对中小学生的阅读能力提出了更高要求。因此，同学们应当通过培养阅读力来提高自己的学习力。

那么，什么是阅读力呢？我的看法是，阅读力包括三个层次的内容，一是阅读和理解知识的能力，二是分析和判断知识的能力，三是联系实际进行创新的能力。阅读力是需要循序渐进地认真培养的。而最重要的培养方法就是培养出自己的阅读兴趣，养成良好的阅读习惯，多读书，读好书，读整本的书。教育部统编语文教材配套名著"整本书阅读"就是这样一套好书，希望同学们好好去读，而且乐在其中，在阅读中培养自己的阅读能力。

作者简介
ZUOZHE JIANJIE

　　蕾切尔·卡逊（Rachel Carson，1907年5月27日—1964年4月14日），美国海洋生物学家。卡逊出生于宾夕法尼亚州的斯普林达尔的农民家庭，1929年毕业于宾夕法尼亚女子学院，1932年在霍普金斯大学获动物学硕士学位。1941年出版了第一部关于海洋生物的著作《海风的下面》。1948年，她根据最新的科学研究成果撰写了一部关于海洋自然科学发展的专著《我们周围的海洋》，尔后于1955年完成了第三部作品《海洋的边缘》。20世纪40年代，许多国家开始大量使用DDT等剧毒杀虫剂，给生态环境造成了极大的危害。就这样，卡逊开始着力于以DDT为代表的化学药剂的调查研究，历经4年写出了《寂静的春天》。1964年蕾切尔·卡逊因乳腺癌不治逝世，时年56岁。1980年，美国政府追授她美国对普通公民的最高荣誉——"总统自由勋章"。

作品简介

ZUOPIN JIANJIE

《寂静的春天》是美国科普作家蕾切尔·卡逊创作的科普读物，首次出版于1962年。

20世纪50年代美国的企业界为了经济开发而大量砍伐森林，破坏自然。美国农业部大量使用DDT等剧毒杀虫剂并不顾后果地执行大规模空中喷洒计划，导致鸟类、鱼类和益虫大量死亡，而害虫却因为产生了抗体日益增多，这对自然、生物甚至人类造成了巨大的伤害，卡逊"意识到必须写一本书"，就这样她开始调查研究，完成了《寂静的春天》这一本醒世之作。

本书以寓言开头，向我们描绘了一个美丽村庄从充满生机到被奇怪的寂静所笼罩的突变。接着从陆地到海洋，再从海洋到天空，全方位地揭示了化学药剂对大自然和人类社会的危害。本书将近代污染对生态的影响透彻地展示在我们面前，给予人类强有力的警示。作者在书中对农业科学家的科学实践活动和政府的政策提出挑战，并号召人们迅速改变对自然世界的看法和观点，呼吁人们认真思考人类社会的发展问题。另外，她记录了工业文明所带来的诸多负面影响，直接推动了日后现代环保主义的发展。

《寂静的春天》引发了美国以至于全世界对环境问题的关注，各种环境保护组织纷纷成立。1992年，在卡逊逝世后的第28年，《寂静的春天》被推选为世界上最具影响力的图书之一，被誉为"世界环境保护运动的里程碑"。

被秋天晨雾笼罩的原野上，
一头小鹿悄悄地走过。

它们就像漏斗的细颈，
西部水鸟的所有迁徙路线都
在这儿汇集。

随着季节的变化，道路两旁有时是鲜艳的花朵，有时是宝石串一般的累累硕果。

有时大雪覆盖很厚,但鼠尾草的顶部依然可以露在外面,羚羊用它尖利的蹄子不断刨雪,就能吃到它。

我想起了海边岩石上的白色藤壶，也想起了一大群水母蜂拥游过的景象。那些水母像魅影一般慢慢地移动着，与海水融为一体。

森林里的树木出现了大面积的枯萎,曾经高大挺拔的道格拉斯冷杉正变成褐色,针叶凋落满地,树林像被烧焦了一样。

目 录 CONTENTS

第一章　未来的寓言

从前，在美国中部坐落着一个小镇，镇子里的一切生物看起来都与其周围的环境相处得很融洽。这个小镇位于像棋盘般整齐排列的繁荣的农场中心，它的四周被庄稼地环绕，小山下是一片果园，树木葱茏。春天，绿色的原野上点缀着点点白花，就像白色的云朵；秋天，透过松林的屏障，橡树、枫树和白桦树火焰般的彩色光辉时不时地闪射着人们的眼睛。小山上有狐狸一声声鸣叫。被秋天晨雾笼罩的原野上，一头小鹿悄悄地走过。

道路两旁生长着月桂树、荚蒾、赤杨树，以及大型的羊齿植物和野花，它们在一年的大部分时间里都努力释放自己的独特魅力，以使旅行者感到赏心悦目。即使到了冬天，道路两旁的风景也非常美丽，那时会有无数小鸟飞来，啄食着初露于雪层之上的浆果和干草的穗子。事实上，郊外正是由于鸟类的丰富多彩而闻名。当迁徙的候鸟在春季和秋季纷至沓来的时候，人们为了观看它们不惜长途跋涉来到这里。小溪边有人在捕鱼，从山中流出的溪水洁净而清凉，汇聚成了绿荫掩映的池塘，而鳟鱼就生活于其中。野外一直都是美丽的，直到很多年前的某一天，第一批居民来到这里修建房屋、挖井筑仓，她美丽的容貌才发生了改变。

从那时起，一个奇怪的阴影将这个地区笼罩，一切都开始变化。村子里出现了一些不祥的预兆：成群的鸡被神秘莫测的疾病袭击；牛羊病倒甚至死亡。死神的幽灵遍布各处。农夫们讲述着他们家庭的多病多灾。城里的医生也对病人中屡屡出现的新病症感到困惑不解。不单单是成人，就连小孩子中也出现了一些突发的、难以解释的死亡现象，一些孩子在玩耍时突然倒在地上，短短几个小时就死去了。

这个地方被一种奇怪的寂静吞噬。比方说，鸟儿怎么都不见了呢？许多人聊着这个话题，感到惶惑不解。园子后面鸟儿觅食的地方变得冷冷清清。偶尔能在一些地方见到的为数不多的几只鸟儿也是奄奄一息的，它们抖得很厉害，却无法起飞。这是一个寂静无声的春天。这儿的清晨曾经有合唱团频频演出，合唱团的成员有乌鸦、鸫鸟、鸽子、松鸦、鹪鹩，还有其他不知名的鸟儿；而现在所有声音都消失了，只留一片寂静笼罩着田野、树林和池沼。

农场里的母鸡在鸡窝孵小鸡，但一直没有小鸡出壳。农民们抱怨着他们没办法再养猪了，因为新生的猪仔个头小，生病后没几天就死掉了。苹果树开花了，但花丛中一直不见蜜蜂飞来飞去的身影，所以苹果花无法传粉，自然也就结不出果实。

道路两旁一度是令人赏心悦目的所在，现在仿佛经历了重大灾难一般，满眼都是焦黄的、枯萎的植物。这些地方仿佛被生命抛弃了，寂静一片。甚至连小溪也是如此：钓鱼的人不再来拜访它，因为所有的鱼都死亡殆尽。

在屋檐下的水槽中，在屋顶的瓦片上，依然能看见一些白色的粉状颗粒。在几个星期之前，这些白色颗粒就像雪花一样从天而降，落到小河里，落在屋顶、草坪、田地上。

不是巫术，也不是敌人的侵袭行动让这个世界的生命无法复生，而是人们自作自受。

上述的这个小镇并非真实存在的，但在美国和世界其他地区可以轻而易举地找到上千个类似的地方。我知道，我所描述的灾难不会全部降临到同一

个村庄；但其中每一种灾难都已经真实地在某些地方发生，并且确实有许多村庄已经遭受了诸多的不幸。一个面目狰狞的幽灵正在向我们袭来，而由于我们的忽视，这个想象中的悲剧极有可能变成一个我们不得不面对的严峻现实。

美国无数城镇的春天之声沉寂下来，到底是什么原因所致呢？这本书将会试着给出解答。

第二章　忍耐，但必须知晓

地球上生命的历史是一部各种生物与其周围环境相互作用的历史。可以说，地球上植物和动物的自然形态和习性在很大程度上是由环境塑造的。就地球存在的全部时间而言，生物对环境的反作用实际上一直相对弱小，但自从人类这个地球上的新物种出现之后，生物才具有了改造其周围环境的强大力量。

在过去的 25 年中，这种力量不仅强大到令人担忧的程度，而且性质已经发生质的变化。人类对环境的侵袭最最令人震惊的是，我们赖以生存的空气、土地、河流以及大海遭到了致命物质的污染。这种污染基本上很难恢复，它在生物的生存环境以及生物的组织中引发的罪恶的连锁效应在很大程度上也是不可逆转的。在当前环境遭到普遍污染的情形下，化学药品可以改变自然界和生命万物，它与辐射一样危害巨大。核爆炸时向空气中释放出的锶 90，会随着雨水和浮尘降落到地面，进入

名师批注："这种力量"指的是什么力量？同时它发生了什么样的变化？

土壤中，进而被草、玉米或小麦吸收，最终进入人类的骨骼，直到完全衰亡。相同地，被人类撒入农田、森林、花园里的化学药品也会长期地留在土壤里，同时进入生物组织，并在一个中毒和死亡的链条中不断传递转移。它也可以随着地下水秘密地转移，通过空气和阳光的作用生成新的物质并再度出现。这种新物质摧毁植物，杀死家畜，甚至让那些长期饮用井水的人们在不知不觉中遭到伤害。正如阿伯特·施维泽所说："人们恰恰不认识自己创造出的恶魔。"

经过亿万年的演化，地球上才有了各种各样的生物，在这个漫长的时间里，地球不断发展进化，物种渐渐增加，并与其周围环境达到了一个平衡和谐的状态。自然环境对生物的形态有着极大的影响，生物的演进方向也由其引领，其中包含了各种有利和不利的因素。一些岩石的辐射具有危害性，就连为万物提供能量的太阳光中，也有杀伤力极强的短波射线。生物要调整到它原有的平衡状态，所需要的时间不是以几年计，而是以几千年计。时间是最根本的因素，但当今的世界根本无法提供充裕的时间。

大自然的演进缓慢而精细，更显得人类的活动轻率而无知，其带来了异常迅猛的变化和层出不穷的新状况。在地球上还没有任何生命以前，放射性就已经存在，比如岩石中的某些化学元素辐射、宇宙射线和太阳紫外线等。但现在，人们研究原子时产生了新的非自然辐射。生物进化对于其本身的调整过程中所要适应的环境中的化学物质不仅仅是钙、硅、铜和河流冲击岩石带

名师批注：写出了人类的迟钝与愚蠢，将化学药品比喻成恶魔，形象贴切，直斥其危害。

名师批注：人类活动轻率而无知，随着发展，不断有自然界从未有过的新的危害出现。

入海洋中的其他矿物质，还包括人类发达的头脑在实验室里所创造的合成化学物质，而这些化学物质在自然界中从来不存在。

完全适应这些物质并最终达到平衡状态所需的时间要以自然历史的维度来衡量，人的一生只有短短几十年，历经很多代人的时间或许才足够。即使发生奇迹，使生物能够适应新的物质，一切也可能无济于事，因为新的化学物质会源源不断地涌出我们的实验室——仅仅在美国，每年几乎就有 500 种新的化学药品投入使用。这些化学药品的形状变幻莫测，而且它们非常具有复杂性，不可轻易掌控——人类与其他动物每年都要努力去适应 500 种这样的化学药品，已经远远超过了生物进化的极限。

这些化学药品大多应用于人类对自然的战争中。从 20 世纪 40 年代中期以来，人类制造了 200 多种化学药品，用来对付昆虫、野草、啮齿动物和其他一些被现代语言称之为"害虫"的生物，而且这些化学药品在商店被出售时有几千种不同的品牌。

现在的农场、果园、森林和家庭已经开始普遍使用喷剂、药粉和气雾剂。这些未经选择的化学药品可以杀死每一种"好的"或者"坏的"昆虫；它们使鸟儿不再歌唱、鱼儿不再畅游；使树叶披上一层致命的"外衣"，并在土壤中长久留存。所有这一切原来仅仅是为了对付少数杂草和昆虫。在地球表面覆上一层毒药，谁能相信它不会给所有生物带来危害呢？它们真正的名字不是"杀虫剂"，而是"杀生剂"。

名师批注：人类与其他动物都要去适应新的化学物质，与自然的平衡也在不断被打破，留给人类的时间还有多久呢？

名师批注：不是"杀虫剂"，而是"杀生剂"，这杀的不仅仅是虫，而是整个生物界，"在地球表面覆上一层毒药"着实让人心惊。

使用化学药品似乎进入了一个无尽的循环。自从DDT①可以被公众使用以来，使毒性升级的活动从未停止过。昆虫成功地论证了达尔文的适者生存原理，它们不断地进化，使自身产生了对特定杀虫剂的抗药性。所以，人们不得不再发明一种更毒的毒药，以此类推。另外使用农药一段时间之后，害虫常常会更加疯狂地卷土重来，数量反而比以前更多。就这样，人类永远也不能取得彻底的胜利，而所有的生物却在这场战争中饱受伤害。

除了人类被核战争毁灭之外，我们这个时代还有一个中心问题就是，人类赖以生存的环境已被潜在的有害物质普遍污染，这些有害物质可以在动植物的组织中累积，甚至可以进入生殖细胞，以破坏或篡改决定未来形态的遗传物质。

一些自称人类未来工程师的人们，希望有一天能设计、改变人类的遗传细胞，但现在我们由于疏忽大意轻率地做到了这一点，因为许多化学药品可以像放射性物质一样造成基因突变。人类选择使用某种杀虫药这样微不足道的小事，竟能决定人类的未来，想想真是有点儿讽刺。

冒着这么大的风险，为了什么呢？未来的历史学家可能会为我们低下的判断力感到无比震惊。聪明的人类想要控制一小部分不喜欢的物种，怎能采取这种既污染环境、毒害动植物，又威胁自身的方法呢？然而，我们确实这么做了。有些时候，我们自己甚至都没有研究明

①DDT：又名滴滴涕、二二三，化学名为双对氯苯基三氯乙烷，属于有机氯类杀虫剂，是一种可溶于煤油但不溶于水的白色晶体。

白，就开始盲目行动了。

专家说，杀虫剂的广泛应用可以保障农业的产量。但是我们如今的问题不正是"生产过剩"吗？尽管有减少农作物耕种面积的政策和补贴农民使其不再从事农业生产的措施，但我们的农业产量依然惊人。1962年，美国的纳税人需要为过剩的粮食支付超过10亿美元的费用以维修储存过剩粮食的仓库。农业部的一个分局试图减少产量，而另一个分局却在1958年宣称："一般来说，在土地银行的规定下减少作物面积将刺激化学药品的使用，以从现有土地获得最高的作物产量。"若是如此，我们所担忧的情况又会有什么改观呢？

这并不是说，害虫不成问题，没有控制的必要。我想说的是，控制手段一定要立足现实，而不是主观臆断，并且采用的方法必须不能将我们和害虫一起杀掉。

这个问题是我们现代生活的一个产物，刚刚试图解决它，一系列灾难就随之而来。在人类出现之前的很长一段时期里，昆虫就在地球上生存着——这是一群种类繁多、具备较强适应能力的物种。自人类出现之后，50多万种昆虫中的一小部分与人类的福利发生了矛盾：它们有的与人类争夺食物，有的在人群中传播疾病。

在人口密集的地区，尤其是卫生状况较差、自然灾害或战争爆发，或者是极端贫困的条件下，携带病毒的昆虫就成了一个非常重要的问题。于是，我们有必要对一些昆虫进行控制，这是再清楚不过的事实。<u>然而，我们目前已经看到，使用大量化学药品的方法仅仅取得了有限的胜利，但给试图改善这种状况带来了更大的威胁。</u>

名师批注：人类在大自然面前是极其渺小的，大量使用化学药品是不可取的，取得的也只是"有限的胜利"，还会带来"更大的威胁"。

在原始农业时期，农民几乎很少遇到害虫问题。随着农业的发展，农民开始大面积精耕细作同一种作物，各种病虫害问题也开始出现。这样的种植方式给某些昆虫提供了大量繁殖的温床。单一农作物的大面积耕种并不符合自然的发展规律。大自然孕育了千千万万的物种，然而人们却热心于将它们简化。因此，自然界内在的制约和平衡系统被人类打破，而大自然就是以这种方式制约各个物种。每一个物种适宜生存的面积就是一个重要的制约因素。很显然，如果一块农田专种麦子，那么食麦昆虫的数量在这里会增加很多，而麦子与其他谷物混种的农田中，食麦昆虫会少得多，因为这种昆虫只能适应麦子，对其他作物则不行。

类似的事情还有。在上一代或更久以前，美国大城镇的街道两旁都种上了高大的榆树。如今，他们期待的美丽景色不仅没有出现，反而面临毁灭的威胁，因为一种甲虫带来的疾病在所有的榆树上肆虐。如果当初榆树与其他树种混种，那么甲虫也不可能这样大肆繁殖和蔓延。

现代昆虫问题的另一个因素必须结合地质和人类历史的背景进行考察：数千种不同种类的生物从它们的原生地向其他区域蔓延入侵。英国生态学家查尔斯·埃尔顿在他的最新著作《动植物入侵生态学》中对这种世界范围的大迁徙进行了研究，并做了生动的描述。在白垩纪时期，汹涌的大海使许多大陆割裂开来，许多生物被限制在如同埃尔顿所说的"巨大的独立自然保护区"中。它们和同类的伙伴隔绝，并演化出许多新的种属。

大约在 1 500 万年前，当这些大陆板块重新连接后，这些物种开始向新的地区扩张——这一运动目前仍在进行中，而且得到了人类的鼎力相助。

植物的引进是近代物种入侵的主要原因，因为动物们必然随着植物一同迁移。检疫只是一个相对较新、不一定有效的措施。单是美国植物引进署就从世界各地引入了大约 20 万种植物。美国每 180 种植物害虫中就有将近 90 种是不经意从国外引进的，而且大部分是随着他国植物一起进入美国的。

到了新的地方，由于失去了本土自然天敌的威胁，这种入侵的植物或动物就会蓬勃地发展起来。这样，我们所面临的严峻的害虫问题，就不是偶然发生的了。

无论是自然发生，还是借助人为的帮助，这种入侵很可能无休止地持续下去，检疫和大规模使用化学药品不过是在拖延时间。我们所面临的情况，正如埃尔顿博士说的那样："我们不仅要寻找压制入侵植物或动物的科学方法，还要弄明白动物种群与其周围环境的关系，这样才能促使平衡机制的建立，封锁住虫灾的迅猛爆发和新物种入侵的强烈攻势。"

许多必需的知识是有的，但是我们从来没有去运用。在大学里，我们有优秀的生态学家，甚至我们政府的机关里也有，但是我们几乎从未听取他们的意见。我们任凭致命的化学药剂漫天喷洒，仿佛别无选择一样。但事实上办法很多，只要有机会，我们完全可以凭借自身的聪明才智找到更多的解决办法。

我们是被什么扰乱心智了吗？以致好像失去了判断

名师批注：人类所面临的严峻的害虫问题，不是偶然发生的，这些物种的扩张和发展，"得到了人类的鼎力相助"，这说明人类在此起着推波助澜的作用。

名师批注：这里"必需的知识"有哪些呢？

名师批注：保罗·谢泼德的这句话，该怎样理解呢？

好坏的能力和智慧，而被迫接受低劣、有害的事物。正如生态学家保罗·谢泼德所说："像鱼一样刚刚把头露出水面会感到很满足，却不知离自身环境的崩塌只有一步之遥……我们为什么要接受带毒的食物？我们为什么要容忍死气沉沉的环境？我们为什么要跟不算是敌人的动物去交战？我们为什么要忍受令人抓狂的汽车噪音？一个仅仅是让人活着的世界谁会喜欢呢？"

但是，我们正面对着这样一个世界。创造一个无毒、无虫害世界的运动已经引起了许多专家和环境保护机构的极大热情。从各方面来看，那些正在推广化学药品的人实际上是对权力的滥用。康涅狄格州的昆虫学家尼利·特纳说过："进行监督工作的昆虫学家们扮演着检察官、法官、陪审团、估税员、收税员和司法长官等多重角色，以实施他们的命令。"不论是在州政府还是联邦政府机构中，公然滥用职权不受任何制约。

名师批注：作者再次强调，"杀虫剂"不是不能使用，而是不可以随意使用、过度使用。

我并不是说化学杀虫剂不能使用。我必须指出，我们随意地把剧毒的和对生物有很大影响力的化学药品交给一些人，而他们却对潜在的危害一无所知。我们让很多的人去接触这些毒物，而没有获得他们的同意，甚至经常对他们隐瞒。《民权条例》中没有这样的规定——一个公民有权使自己免受由个人或政府机构散播的致死毒药的威胁，那是因为我们的先辈无法预见这类问题。

除此之外，我还要强调的是：我们很少或者从来没有对化学药品在土壤、水、野生动物和人类自身的影响进行调查，就允许它们被使用。大自然精心呵护着世间万物，而我们对它却没能给予足够的关切，我们的子孙将来未必会原谅我们现在所犯的过失。

至今，人们对自然界潜在威胁的了解依然很有限。这是一个"专家"的时代，专家们的眼睛只盯着自己研究的问题，而意识不到或不去了解他们的"小问题"在大问题面前是否过于狭隘。现在又是一个商业时代，在商业经营中，不惜代价去赚钱的行为基本不会受到谴责。当使用杀虫剂会造成有害后果有了明显证据，民众为此提出抗议时，一片半真半假的小小镇定丸就会让他们满足。我们亟须终结这些伪善的保证和被糖衣包裹着的令人厌恶的邪恶事实。<u>政府的昆虫管理人员所预测的危险终将由民众承担，所以是在现在的道路上继续走下去，还是等掌握了足够的事实依据之后再继续往前走，也应该由民众来做决定。</u>吉恩·罗斯坦德说："承担忍耐的责任须给予我们知情权。"

名师批注：民众有权利在了解真相后，决定是否往前走，选择是否忍受。

1.请结合文章内容谈谈你对"使用化学药品似乎进入了一个无尽的循环"的理解。

2.本章节题目为"忍耐，但必须知晓"，人类所要忍耐的是什么呢？必须知晓的又是什么呢？

第三章　死神的致命药剂

现在每个人从尚未出生直至离开这个世界，都必定要接触危险的化学药品，这种情况在人类历史上还是第一次出现。合成杀虫剂刚刚使用不到20年，就已经遍及世界各个角落。在大部分重要水系甚至平时看不到的地下水中，我们都检测到了这些药物成分的存在。十几年前喷洒过化学药物的土壤里仍然会有余毒残留。毒素普遍侵入了鱼类、鸟类、爬行动物、家畜和野生动物的身体之内。科学家进行动物实验发现，几乎不存在未受污染的动物。

在偏远的山地湖泊中的鱼类体内，在泥土中生活的蚯蚓体内，在鸟蛋里，甚至在人类自身的身体内，都发现了化学药物的存在。如今，大部分人类，无论年龄之长幼，都有化学药物残留。它们还存在于母亲的奶水里，而且很可能进入未出世胎儿的细胞组织里。

所有这一切，都是因为具有杀虫效果的人造化学药物的工业突然蓬勃发展所致。这种工业是第二次世界大战的产物。在创造化学武器的过程中，人们发现一些实验室制造出的药物能够消灭昆虫。这一发现绝不是偶然，因为昆虫曾被广泛地用来试验人类制造出的化学武器的效果。

结果，人类开始源源不断地研制杀虫剂。在研制杀虫剂时，科学家们巧妙地操控分子群，替换原子，改变它们的排列，使得这些化学品远远不同于战前那些比较简单的杀虫剂。以前的杀虫剂原料源于天然的矿物质和植物提取物——即砷、铜、铝、锰、锌及其他元素的化合物；除虫菊的原料取自干菊花，尼古丁硫酸盐取自烟草的某些同属，鱼藤酮是从东印度群岛的豆科植物中提取的。

与其他药物不同的是，这些新的合成杀虫剂具有巨大的生物学效能。它们不仅毒性巨大，而且能进入人体最重要的生理过程，并能使这些生理过程产生致命的病变。正如我们所知的那样，它们破坏了保护人类身体免受伤害的酶；它们阻碍了人体获得能量的氧化过程；它们使人体各个器官不能正常发挥作用；还会引发慢性且不可逆的细胞变化，最终导致情况恶性发展。

可是，每年依然有杀伤力更强的新的化学药物问世，并被投入各种领域使用，所以与这些药物的接触事实上已遍及全世界了。仅在美国，合成杀虫剂的产量已从 1947 年的 124 259 000 磅[1]激增至 1960 年的 637 666 000 磅，比原来增长了 5 倍多。这些产品的批发总价远远超过 250 000 000 美元。但是从化学工业的计划及其长远发展目标来看，这仅仅只是个开始。

因此，我们应当对杀虫剂加深了解。如果我们的生活中总要和这些药物接触——吃的、喝的里都有它们，连我们的骨髓里都有——那我们最好还是熟悉一下它们的药效和性质吧。

尽管自第二次世界大战开始，杀虫剂开始由无机化学物逐渐转向碳分子的奇异世界，但几种旧有的物质仍在继续使用。其中的主要物质之一——砷——依然是多种除草剂、杀虫剂的基本组成成分。砷是一种毒性很强的矿物质，广泛存在于各种金属矿中，并且在火山、海洋、温泉中也有少量的存在。砷与人有着多种多样历史性关系。由于砷的许多化合物是无味的，所以从博尔吉亚家族[2]时代至今，它一直被用来杀人。砷是第一个被确定为可致癌

---

①磅：英美制重量单位，1 磅约合 0.453 6 千克。

②博尔吉亚家族：15、16 世纪的一个西班牙裔意大利贵族家族，权势极大，影响遍及整个欧洲。

的物质。早在大约两个世纪之前，一位英国医师经鉴定发现了这一点。长期以来，人类慢性砷中毒的现象也是有确切记载的。日常环境中的砷污染可使马、牛、羊、猪、鹿、鱼、蜜蜂等动物生病，甚至死亡。尽管如此，含有砷的喷雾剂、粉剂依然被广泛地使用着。在美国南部，喷洒了含砷药剂的产棉区，蜜蜂养殖几乎已经不复存在。长期使用砷粉剂的农民已经慢性砷中毒了；牲畜也因含砷的农药和除草剂而中毒。从蓝莓种植地里飘来的砷粉剂散落在邻近的农田中，污染了溪水，毒害了蜜蜂和奶牛，并使人类患上疾病。环境致癌研究的权威机构——国家防癌协会的 W.C. 休珀博士说："近年来，我国完全漠视砷污染对公众健康的危害。凡是看到过砷杀虫剂的喷粉器和喷雾器如何工作的人，一定会对那种马虎、随意使用有毒物质的方式深有所感，难以忘怀。"

现代的杀虫剂致命性更强。大多数药剂可以归为两个化学品门类：一类是以 DDT 为代表的"氯化烃"；另一类是含有各种有机磷的杀虫剂，以人们较为熟悉的马拉硫磷①和对硫磷②为代表。它们有一个共同点，如前文所述，就是它们的主要成分都是碳原子。碳原子是生物界不可或缺的基本成分，因而被称为"有机物"。我们要了解它们，必须弄清楚它们的研制方法，以及它们是如何（尽管这与生物的基础化学有关）被转化为致死剂的。

这个基本成分——碳的原子可以任意地与其他结构组合成链状、环状或其他别的构形，还能与其他物质的分子结合起来。事实上，从细菌到体型庞大的蓝鲸，自然界有着如此令人难以置信的多样性，正是由于碳的这种特性。与脂肪、碳水化合物、酶和维生素的分子相同，蛋白质分子的基本成分也是碳原子。而且，很多非生物也是如此，因为碳未必就代表着生命。

一些有机化合物只是碳和氢的化合物，其中最简单的就是甲烷，又名沼气，它是由自然界中的水下有机物细菌分解而形成的。当甲烷以一定的比例

---

①马拉硫磷：又名马拉松、四零四九、马拉赛昂，适用于防治烟草、茶和桑树等作物上的害虫，也可用于防治仓库害虫。

②对硫磷：一种广谱杀虫剂，用于防治各种蚜虫、红蜘蛛等害虫。

与空气混合，就成了煤矿中可怕的"瓦斯"。它的结构很简单，由 1 个碳原子和 4 个氢原子组成：

科学家们发现，如果将 1 个氢原子替换成氯原子，那么氯化甲烷就诞生了：

将 3 个氢原子替换成氯原子，那么麻醉氯仿（三氯甲烷）就问世了：

如果把所有的氢原子都用氯原子替代，就可以制造出我们生活中最常见的洗涤剂——四氯化碳：

简而言之，这些围绕着基本甲烷分子的多次变化，说明了氯化烃的构成。可是，这一简单的说明无法真正揭示烃的复杂性，或使有机化学家创造出各种物质的丰富方式。除了单一碳原子的甲烷外，科学家们还可以改变由许多碳原子组成的碳水化合物分子。这些碳原子呈环状或链状，还带有侧链和分支，并且由一些化学键将它们连接。这些化学键不仅仅是简单的氢原子或氯原子，还有各种原子团。一点点轻微变化，就可以使物质的整个特性完全改变。例如，碳原子上附着的元素是什么至为重要，同时连附着的位置也非常关键。这样精妙的操作已经使大量具有强大毒性的毒药问世。

1874 年，一位德国化学家首次合成 DDT（双氯苯基三氯乙烷），但是直到 1939 年，它的杀虫剂特性才被发现。紧接着，DDT 被誉为"虫害病的终结者"，能够帮助农民在一夜之间将田里的害虫全部杀死。瑞士的保罗·穆勒因为发现了 DDT 的杀虫作用而获得诺贝尔奖。

现在，DDT 正被人们广泛地使用着。大多数人都以为这种合成物是一种无害的常见药品。人们之所以觉得 DDT 无害，可能因为是在战争期间，它被撒在成千上万的士兵、难民和俘虏身上，用来消灭虱子。人们普遍相信，既然这么多人直接接触了 DDT 都没有遭受危害，那么这种药物肯定是无害的了。产生这样的误解也无可厚非，因为粉状 DDT 不像别的氯化烃药物，它是不太容易透过皮肤被人体组织吸收的。但是 DDT 溶于油之后，肯定是有毒性的。如果被吞食，DDT 则会通过消化道被慢慢吸收；还可能通过肺部被吸收。一旦进入体内，它就会大量地聚集在富含脂肪的器官内（因 DDT 可溶于油），如肾上腺、睾丸、甲状腺等。还有相当多的一部分会聚集在肝、肾和内脏外围的大块脂肪里。

DDT 在人体的贮存量是从它可理解的最小摄入量开始的（残留于大多数食物中），直到达到一个相当高的水平。脂肪充当着生物学放大器的职能，因此食物中哪怕有 0.1PPM[①] 的摄入量，也会在体内积累到约 10PPM 至 15PPM，也就是增加了 100 多倍。对于化学家或药物学家而言，这些数据是再常见不过的了，但我们大多数人根本不了解。1PPM，听起来好像是极其微小的数字，的确如此。可是，这些物质的药力惊人，非常微小的药量就能引发人体巨大的变化。动物实验发现，3PPM 的药量就能使心肌中一个主要的酶停止活动；仅 5PPM 就能导致肝细胞的坏死和衰变；与 DDT 类似的药物狄氏剂[②]和氯丹[③]，仅 2.5PPM 就能起到同样的效果。

这其实没有什么好惊诧的。在正常人体化学中的确存在着这种"四两拨

①PPM：Parts Per Million 的简称，定义为百万分之一。1PPM 即百万分之一。
②狄氏剂：一种高毒性杀虫剂，可通过皮肤迅速吸收而中毒。
③氯丹：一种残留期很长的杀虫剂，溶液为无色或淡黄色。

千斤"的情况。比如，200PPM 克的碘就可以成为决定健康与疾病的关键因素。由于杀虫剂在人体内是点滴积累，而且排泄过程非常缓慢，所以肝脏和其他器官的慢性中毒和退化病变的危险是切实存在的。

人体可以累积多少 DDT，科学家们尚未达成一致意见。食品与药品管理局主任阿诺德·莱曼博士说："人体对 DDT 的吸收、储存既没有最低标准——低于这个标准 DDT 就不会再被吸收了，也没有最高标准——高于它人体对 DDT 的吸收和储存就终止了。"不过，美国公共卫生署的维兰德·海斯博士却认为："在每个人的体内都会有这样一个平衡点，超过了这个点，过量的 DDT 就会被排泄出来。"实际上，两个人的观点哪一个是正确的并不重要。我们已经对 DDT 在人体内的储存量作了充分的调查，并且知道一般常人体内的储存已经达到具有潜在危害的量。各种研究表明，没有直接接触（饮食中不可避免的直接接触除外）DDT 的人，平均储存量为 5.3PPM 到 7.4PPM；从事农业劳动的人为 17.1PPM；而杀虫剂工厂的工人体内的储存量则高达 648PPM！由此可见，人体 DDT 储存量的范围是相当大的。尤为重要的是，刚刚列举的最小数值也已经超过了对肝脏及其他器官或组织造成危害的标准。

DDT 及其同类化学药物一个最危险的特征是，它们可以通过食物链从一个有机体传到另一个有机体。比如，在苜蓿地里撒上了 DDT 粉剂，而后这里的苜蓿作为鸡饲料喂给了鸡，母鸡下的蛋也会含有 DDT。或者将含有 7PPM 到 8PPM DDT 残留的干草拿来喂奶牛，那么奶牛产的牛奶中的 DDT 含量就可能达到约 3PPM，而用这样的牛奶制成的奶油中，DDT 含量就会激增至 65PPM。通过这样一个传输过程，DDT 原本含量极少，最后会逐渐增高，达到一个较高的含量。虽然食品与药品管理局不允许州际贸易中的牛奶有杀虫剂残留，但在当下，农民应该很难给奶牛找到未受污染的饲料了。毒素还可能从母亲身上传给子女。食品与药品管理局的科学家们已经从人奶的取样中检测出了杀虫剂残留。这就意味着母乳哺育的婴儿，也在不断地吸收、储存着有毒的化学品。然而，这绝非婴儿第一次接触有毒化学品，我们有充分的理由相信，当他还是胚胎的时候就已经开始了。动物实验表明，氯化烃杀虫剂可以轻而易举地突破胎盘壁垒。胎盘历来是隔离胚胎和母体内有害物质的保护层。虽然婴儿通过这样的方式吸收的有毒物质非常少，却也不容忽视，因为婴儿比成人更脆弱、更容易中毒。这也意味着，一般常人几乎从他生命的开始就已经在吸收有毒物质了，并且在以后的生命中，其体内的有毒物质还会与日俱增。

所有的事实——有害药物少量残留，随后累积，通过正常饮食使肝脏受损——使得食品与药品管理局在1950年宣布，DDT的潜在危险性极有可能被低估了。类似的情况医学史上从来没有出现过，最终的结果如何，没有人知道。

另一种氯化烃——氯丹，除了拥有DDT所有令人讨厌的属性，还具备其自身独有的属性。它的残留物可以长久地在土壤、食物或接触过氯丹的物体表面留存。它可以被皮肤吸收，也可以以喷雾或者粉屑被吸入。当然，如果吞食了氯丹的残留物，还会被消化道吸收。与其他氯化烃一样，氯丹也会在人体内慢慢积累。动物实验表明，如果食物中含有2.5PPM的氯丹，最终会在动物体内的脂肪中猛增至75PPM。

1950年，经验丰富的药物学家莱曼博士曾这样说："氯丹是毒性最强的杀虫剂之一，任何接触到它的人都会中毒。"这一警告并没有引起郊区居民的重视，他们依然随意地将氯丹混合在治理草坪的粉剂中。这里的居民没有马上发病，证实不了什么，因为毒素会长期地潜伏在他们体内，直到过了数月或数年以后才会突然发病，但到那时，患病的起因一般不太可能被查到了。然而，死神有时也会突然来到。有一位受害者不小心把一种浓度为25%的工业溶液洒到皮肤上，40分钟不到就出现了中毒症状，没来得及抢救就去世了。这种中毒症爆发得太突然，根本来不及提前通知医务人员。

在市场上，氯丹的成分之一——七氯①被作为另一种独立的制剂出售。它

---

①七氯：又名七氯化茚，是一种有机氯化合物，通常为白色晶体或茶褐色蜡状固体，带有樟脑或雪松气味。

具有在脂肪里贮存的特性。如果食物中七氯的含量仅有0.1PPM，那么人体内出现的七氯含量会相当可观。它还能神奇地转变成另外一种具有不同化学性质的物质——环氧七氯①。这种转变在土壤及动植物的组织中都会发生。鸟类实验发现，通过这一变化形成的环氧七氯比原来的七氯毒性更强，而原来的七氯毒性已经是氯丹的 4 倍了。

早在 20 世纪 30 年代中期，一种特殊的烃类——氯化萘被人类首次发现。在工作中接触氯化萘的人饱受肝炎的折磨，这种肝炎非常罕见，几乎无法医治。它已经使机电工人患病，甚至死亡。并且最近，人们发现导致牛畜患上奇怪的致命疾病症的罪魁祸首就是氯化萘。鉴于前例，含有这类烃的三种杀虫剂是所有烃类药物中毒性最强的，也就不足为奇了。这三类杀虫剂分别是狄氏剂（氧桥氯甲桥萘）、艾氏剂（氯甲桥萘）、安德萘。

狄氏剂是以一位德国化学家狄尔斯的名字命名的。若将狄氏剂吞食，其毒性将 5 倍于DDT；若将狄氏剂溶液洒在皮肤上，被皮肤吸收之后，其毒性将 40 倍于DDT。狄氏剂的恶名众所周知，因为它会使人快速发病，并攻击受害者的神经系统，使患者发生痉挛症状。中毒的人恢复过程非常之慢，足以证明它的慢性危害。和其他的氯化烃一样，这些长期危害包括对肝脏的严重损伤。目前，狄氏剂是应用最广的杀虫剂之一，其毒性残留持续时间长，并且杀虫功效显著，当然它的使用也会大规模地使野生动物毁灭。对鹌鹑和野鸡进行的实验表明，它的毒性约四五十倍于DDT。

狄氏剂在人体如何贮存、分布，或者怎样排泄出去，是我们认知的盲点。因为科学家们在研制杀虫剂方面的才能早已远远超过这些杀虫剂对生物体影响的认知能力。然而，种种迹象表明，这些有毒物质会长久地贮存在人体中，就像一座休眠的火山，等到身体无法承受毒物那一天，才骤然爆发。我们所知道的信息，都是世界卫生组织在开展抗疟运动的艰辛过程中得来的。在疟疾防治工作中，当疟蚊对DDT 产生了抗药性后，狄氏剂就取代了 DDT 的角

---

①环氧七氯：具有与七氯类似的毒性，且持久性更强，更难降解。

色，至此，喷药人员也开始出现中毒案例。病症的发作异常剧烈，一半乃至全部的中毒者都会发生痉挛，甚至死亡。还有一些人在接触狄氏剂4个月才发生痉挛现象。

与狄氏剂相比，艾氏剂①多少有点儿神秘。因为它虽然作为一种独立的药物存在，但与狄氏剂却有着紧密的关系。如果一块胡萝卜地使用了艾氏剂，这里的胡萝卜却能被检测出含有狄氏剂的成分。这种变化会发生在有生命的机体组织中，也会发生在土壤里。这种神奇的变化已经使许多错误的报道频频发出。因为如果一个化学家要检测的是艾氏剂，他就会错误地以为，艾氏剂不会留下余毒。而实际的情况是，余毒还在，只不过它们已经变成了狄氏剂而已。所以，得换一种检测方法才行。

艾氏剂与狄氏剂一样，毒性强大，会引起肝脏和肾脏的衰竭性病变。一片阿司匹林药片大小的剂量，就可使400多只鹌鹑致死。很多人类中毒的案例已经出现，其中大多数与工业处理脱不了干系。

与同类杀虫剂相似，艾氏剂将一层危险的阴影投在了不远的未来，即其引发的不孕症后果。给野鸡吃下很少的剂量，不会将它们毒死，产蛋量却大大减少，而且孵出的鸡雏不久就死去了。这种影响不单单在飞禽中出现。接触艾氏剂的老鼠，受孕率会明显减少，且幼鼠常常多病短命。接触了艾氏剂的母狗，产下的小狗第三天就死了。新的一代总是因为这样或那样的原因，通过父母体内的毒素而遭难。同样的惨剧是否会发生在人类身上，没有人知道。但是这种化学药物已经由飞机广泛地喷洒在了郊区和农田中。

在所有氯化烃药物中，安德萘的毒性是最强的。虽然其化学性质与狄氏剂密切相关，但其分子结构稍加变化就会使它的毒性5倍于狄氏剂。与安德萘相比，此类杀虫剂的鼻祖——DDT几乎可以被视作无害物质了。安德萘的毒性，对于哺乳动物而言是DDT的15倍；对于鱼类而言是DDT的30倍；而对于一些鸟类而言，则是其300倍左右。

---

①艾氏剂：一种高毒性的杀虫剂，在农业上用于防治农作物害虫，可引起人体肝功能障碍，还能致癌。

在安德萘投入使用的 10 年期间，它已杀死了无数的鱼儿，毒死了很多误入果园的牛畜，就连井水都被污染了。至少一个州的卫生部严厉警告：草率使用安德萘已经威胁到人类的健康。

曾经有这样一起悲惨的安德萘中毒事件：一个一岁的小孩，跟着父母搬到了委内瑞拉居住，而他们的新家被发现有蟑螂出没。几天后，在一个上午的 9 点钟左右，孩子的父母用含有安德萘的药剂将屋内的地板喷洒了一次。当然，在喷药之前，这个孩子和家里的小狗都被带到了屋外。喷药之后，地板也被擦洗过。直到下午的时候，小孩和小狗才再次回到屋里。这看似已经采取了充分的预防措施，没有什么明显的疏忽遗漏，但是刚过了一个钟头左右，小狗就口吐白沫、浑身抽搐死去了。而在当天晚上 10 点，小孩也开始呕吐、抽搐，并且失去知觉。自此之后，这个健康的孩子因为与安德萘接触变成了"植物人"——看不见，听不见，频繁肌肉痉挛，完全与周围环境隔绝了。他的父母将他带到纽约的一家医院治疗，几个月过去后，也没有任何改善。主治医师说："能不能出现任何程度的康复，这极难预料。"

烷基和有机磷酸盐是第二大类杀虫剂，位于世界上最毒毒药之列。随着其投入使用，带来的最主要危害就是，施用喷雾药剂的人无意接触了药雾、接触了喷洒过这种药剂的植物或接触了丢弃的药剂容器，都会引发急性中毒。在佛罗里达州，两个小孩为修补秋千，找到了一只空袋子。其后不久，他们两个都死了，就连其他三个小伙伴也生病了。原来，这只袋子曾经装过一种叫作对硫磷的杀虫剂（对硫磷属于有机磷酸盐）。后来证实，两个孩子正是死于对硫磷中毒。还有一次，威斯康星州的两个小孩（表兄弟俩）在同一个晚上死去。当天，其中一个孩子的父亲正在给附近的马铃薯田喷射对硫磷药剂，这个孩子因在院子里玩耍接触了田里飘来的药雾而中毒；而另一个孩子却是跟着自己的父亲跑进谷仓玩耍，用手抓了喷雾器的喷嘴而中毒。

这些杀虫剂的来历都带着点儿讽刺意义。虽然一些化学品（有机磷酸酯）早已闻名多年，但直到 20 世纪 30 年代晚期，它们的杀虫特性才被一位名叫

格哈德·施拉德的德国化学家发现。德国政府马上意识到这些化学药品的新价值，即在战争中作为新型毁灭性武器来对付敌人，并且将有关研制工作作为重要国家机密。一些药物变成了致使人类神经错乱的致命毒气，而另外一些具有同属结构的药物，则变成了杀虫剂。

有机磷杀虫剂在生物体内以一种奇特的方式发挥着作用，它们可以破坏在人体内起着重要作用的酶。不论受害者是昆虫还是热血动物，它们的攻击目标都是神经系统。正常情况下，神经脉冲借助于一种叫作乙酰胆碱的"化学传导物"在各个神经之间传递。这种物质在履行完必要的职责后就会消失。所以，它的存在极其短暂，就连专业的医学研究人员都需要经过特殊途径才能在其消失之前完成取样工作。如果一次神经脉冲通过后，乙酰胆碱这种物质没有及时消除，那么脉冲就会在一根根神经之间掠动，而此时这种物质会以更加强化的方式发挥作用。而这种现象的外在表现就是，人或动物的整个身体运动变得不协调——颤抖、肌肉痉挛、抽搐，并很快死亡。

其实，我们的身体已经为这种偶发性的可能做了准备。在我们体内，一种名为胆碱酯酶的保护性酶，会在身体不再需要乙酰胆碱这种传导物时，马上消灭它。通过这种手段，我们的身体获得了一种精确的平衡，不会积累乙酰胆碱到达危险的程度。可是，一旦与有机磷杀虫剂接触，保护酶就会被破坏。酶的减少，会使传导物质乙酰胆碱的含量在身体中积累起来。从这方面来看，有机磷化合物与一种从毒蘑菇中发现的生物碱——蝇蕈碱很像。

频频接触有机磷杀虫剂会降低胆碱酯酶的含量，直到濒临急性中毒，再多一点接触就会掉进中毒的深渊。因此，人们认为，喷药人员及其他经常接触有机磷杀虫剂的人应该定期进行血液检查。

对硫磷是应用最为广泛的有机磷酸酯之一，也是毒性最强、最危险的药物之一。蜜蜂与它接触后，会变得狂躁、好斗，做出疯狂的揩挠动作，并在半小时内死去。有位化学家想用最直接的方式获得能使人类中毒的剂量，于是吞服了微量的药物，大约有 0.004 24 盎司[①]。结果，他的全身立刻麻痹，就

①盎司：这里是重量单位，1盎司约合28.349 5克。

连事先预备在手边的解毒剂也拿不到，就这样死去了。据说，对硫磷在芬兰是人们最理想的自杀毒药。近年来有报道称，加利福尼亚州每年平均发生200多起对硫磷的意外中毒事故。在世界许多地区，对硫磷的致死率都是令人震撼的：1958年，印度有100起致命事故，叙利亚有67起。在日本，平均每年有336人中毒死亡。

可是，美国的农田和菜园里如今要施用7 000 000磅左右的对硫磷，有的由人工操作喷雾器喷洒，有的通过电动鼓风机、撒粉机喷洒，还有使用飞机喷洒的。据一位医学权威人士的说法，仅仅加利福尼亚州所用的药量，就能"毁灭全世界人类5至10次"。

在少数情况下，我们也许可以免遭这一化学药物的危害，原因之一就是对硫磷及其同类的化学物质分解非常迅速。所以相对于氯化烃而言，它们在作物上残留的时间相对短暂。然而即便如此，它们在较短的时间内已足以带来或是严重中毒或是致死的各种毒害。在加利福尼亚州的弗赛德市，采摘柑橘的30个人中有11人得了重病，其中有10个人必须马上住院治疗。从症状上来看，他们陷入了不断的干呕、半盲、半昏迷状态，是典型的对硫磷中毒，因为柑橘林在大约两周半之前喷洒过对硫磷。由此可见，残留的毒素已持续了16至19天，但这个时间绝不是对硫磷残留可以持续的最高纪录。早在一个月之前，一个喷洒过对硫磷的柑橘林里也发生了相似的事故，而且使用标准剂量6个月之后，柑橘的果皮里仍然可以发现农药残留。

因为这些在田野、果园里施用有机磷杀虫剂的工人们遭遇了极度的危险，所以使用这些药物的一些州开始建立实验室，医生们可以在实验室对中毒的人进行医治，受害者还可以得到医疗方面的救助。其实，医生自己也身处危险之中，除非他们给受害者诊治时戴上橡胶手套，做好防护措施。给受害者洗衣服的妇女也同样面临着危险，因为衣物上可能附着有足以危害她们的对硫磷。

马拉硫磷属于另一种有机磷酸酯，几乎与DDT一样被大家所熟知。它被广泛应用于园林工厂，而且还常被人们用来灭虫、灭蚊，以及对昆虫的大规

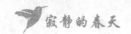

模歼杀（比如在佛罗里达州的一些社区，人们为了消灭一种地中海果蝇，在近百万英亩①的土地上喷洒马拉硫磷）。人们认为马拉硫磷的毒性是此类药物中最小的了，所以许多人就随意地使用，而且商业广告也在宣扬这种令人宽慰的想法。

这种药物投入使用数年之后（这种事往往很常见），人们才发现对于马拉硫磷"毒性小"的判断依据是建立在相当危险的基础之上。所谓的马拉硫磷"安全"，不过是因为哺乳动物的肝脏具有解毒功能，使其显得相对"无害"罢了。肝脏的解毒功能是通过一种酶来实现的。如果有什么东西破坏了这种酶或阻碍了它的活动，那么，被马拉硫磷毒害的人就要遭受它的全力攻击了。

不幸的是，这种事故屡见不鲜。好几年前，食品与药品管理局的一组科学家发现：当马拉硫磷与其他有机磷酸酯一起使用时，就会出现严重的中毒现象——毒性是两种毒药相加之后的 50 倍。换句话来说，两种药物的致死剂量各取 1% 混合，就可产生致命的毒性。

这一发现促使人们对其化合作用进行研究。现在我们已经知道，很多有机磷酸酯组合极具危险性，因为在混合的过程中，毒性会大大增强。为一种化合物解毒的酶被另一种化合物破坏之后，毒性就强化了。两种化合物不必同时出现。某个人这周接触了一种杀虫剂，下周接触了另一种杀虫剂，就会有中毒危险；一些食用了带有农药残留的农产品的人也将面临危险。一碗普通的沙拉里很可能会出现多种磷酸酯杀虫剂的混合，即使农药残留量在法定的标准之内，也会发生反应，强化对人体的毒害力度。

化学药物之间相互作用的危险，我们目前知之甚少，但是一些令人担忧的新发现总是从科学实验室里屡屡传出。其中的一项发现是：使一种磷酸酯毒性增强的并不一定是杀虫剂。比如，一种增塑剂在强化马拉硫磷的毒性时，比杀虫剂更加厉害。因为，这种增塑剂抑制了肝脏酶"拔除杀虫剂毒牙"的功能。

---

①英亩：英美制面积单位，1 英亩约合 4046.864 8 平方米。

那么，在正常的人类环境中，其他化学药物怎么样呢？特别是医疗药物，情况又如何呢？我们在这方面的研究才刚刚起步，但是目前已经知道，某些有机磷酸酯（对硫磷和马拉硫磷）能使一些肌肉松弛剂的医药毒性增强，还有几种其他的磷酸酯（包括马拉硫磷）可使巴比妥酸盐的休眠时间显著增长。

希腊神话中的女巫美狄亚，因丈夫伊阿宋移情别恋，还要将她驱逐而怨恨不已。在丈夫新婚时，她赠予新娘一件被施过魔法的长袍，新娘刚穿上这件长袍就暴毙而亡。现在，这个长袍上的"魔法"有了它的对应物，即内吸杀虫剂。这种具备非凡性能的化学药物，将植物或动物变成了美狄亚的长袍——使它们自带剧毒。这样做可以杀死那些"别有目的"的昆虫，尤其是当昆虫吮吸植物汁液或动物血液的时候。

内吸杀虫剂的世界超乎人类想象，它的奇异超出了格林兄弟的想象力，或许能与查理·亚当斯的漫画世界相提并论。在这个世界里，童话中的魔幻森林变成了有毒的森林，当昆虫咀嚼一片树叶或吸取一株植物的汁液后，必死无疑。在这个世界里，跳蚤叮咬了狗就会马上死去，因为狗的血液已经变成剧毒的了。在这个世界里，昆虫会死于植物散发出来的蒸汽；蜜蜂会带着有毒的花蜜回巢，酿出的蜂蜜也必然有毒。

应用昆虫学领域的人们从自然界获得灵感：他们发现在含有硒酸钠的土壤里生长的麦子可以免遭蚜虫和红蜘蛛的侵害。由此，昆虫学家萌发了在植物体内植入杀虫剂的想法。硒作为一种自然生成的元素，少量存在于世界很多地方的岩石和土壤里，是一种内吸杀虫剂。所谓内吸杀虫剂，就是将一种杀虫剂渗透植物全身各个组织，并使之自带毒性。一些氯化烃类的化学药品和有机磷类的化学药品具备这一属性，它们是由人工合成的；而一些自然生成的物质也具有这种属性。但在实际应用中，多数内吸杀虫剂使用的是有机磷，因为其药物残留相对较轻。

内吸杀虫剂还以其他迂回的方式起作用。若将种子浸泡包衣剂，或者将包衣剂、碳与种子混合，那么毒药的药力就会作用于下一代植物体内，长出

可以毒死蚜虫及其他有害昆虫的幼苗。豌豆、蚕豆、甜菜等作物就是这样被保护的。带有内吸杀虫剂的棉籽在加利福尼亚州已经种植一段时间了。1959年，该州圣华金河谷曾有25个农场工人在播种棉籽时突然发病，因为他们触摸了装着包衣种子的口袋。

内吸杀虫剂处理过的植物，被蜜蜂采了花蜜后会有什么情况出现呢？英格兰的一个人想弄清楚这个问题，就在一个被八甲磷药物喷洒过的地区做了调查。尽管那些农药是在植物开花之前喷洒的，但后来出产的花蜜仍然有毒。结果呢，正如我们料想的一样，蜂蜜是被八甲磷污染了。

动物内吸杀虫剂的使用主要是为了控制牛蛆。牛蛆是牲畜身上的一种有害寄生虫。为了使内吸剂在动物血液和组织里发挥杀虫功效而又不危及动物的生命，使用量的控制必须十分谨慎。这种平衡非常微妙，政府机构的兽医们已经发现，频繁的小剂量用药会使动物体内的保护性胆碱酯酶逐渐耗尽。因此，如果不事先警告，超过一点儿微小的剂量也可能会导致中毒。

许多强有力的证据表明，与我们的日常生活密切相关的领域正在逐步放开对药物的使用。现在，你可以喂你的狗一片药，据说此药可以使狗的血带毒，进而消灭它身上的跳蚤。因此，发生在牛畜身上的危险大概也会发生在狗身上。迄今为止，还没有人建议研究人类内吸杀虫药来消灭蚊子。不过，这也许就是下一步要做的工作了吧。

至此，我们在本章中一直在讨论人类与昆虫斗争时使用的致命化学药物。那么，我们在同杂草作战时，又该怎么样呢？

人们总想用一种快速、简便的方法除掉不需要的植物，于是一大批品种不断增加的化学药物出现了。它们通称为除莠剂，俗称除草剂。关于这些药剂如何被人类使用，以及怎样被误用的内容，我们将在第六章尽心详细讲述。现在，我想说的是，除草剂是否有毒，它们的使用是否毒化了我们的环境？

除草剂只对植物有毒，对动物无害的说法广为流传，可惜这种观点是错误的。除草剂中含有多种化学成分，它们不仅对植物产生影响，对动物也有一定作用。它们在生物体内产生的作用差异很大。有的是一般的毒药；有的是新陈代谢的强力刺激剂，会使体温剧烈升高而致死；有的还会引发恶性肿瘤；有的甚至会破坏遗传物质，导致基因突变。所以，除草剂和杀虫剂一样，都是十分危险的。误以为除草剂是"安全的"而滥用它，会招致灾难性的后果。

尽管新的化学药品不断从实验室涌出，砷化物还是长期地在杀虫剂和除草剂中被广泛使用。这些砷化物常常以亚砷酸钠的形式出现，在历史上，砷化物的使用也不能让人放心。它被用作路旁除草剂时，毒死了许多奶牛，还杀死了不计其数的野生动物；被用作湖泊、水库的水中除草剂时，污染了公共水域，使该区域的水不能用作饮用水，就连游泳都不可以；被喷洒到土豆田里去除藤蔓时，使人类和动物付出了沉重的生命代价。

1951 年，因为缺少先前用来烧掉土豆藤蔓的硫酸，英国开始在种植土豆的田地里喷洒含砷的农药。英国农业部认为，有必要对喷洒过含砷农药的田地加以警告，但是牲畜听不懂这种警告，野兽和鸟类也听不懂，所以牲畜因为含砷农药而中毒的报道时常出现。直到一个农妇因饮用了被砷污染了的水致死时，英国一家重要的化学公司于 1959 年宣布停止生产含砷农药，并收回了正在商贩手中出售的农药。不久，农业部宣称，鉴于亚砷酸盐对人畜的巨大危害，决定禁止在英国使用。澳大利亚政府在 1961 年也发布了类似的禁令。然而，在美国没有这样相同的禁令来限制这些毒药的使用。

也有用"二硝基"化合物制成的除草剂。在美国，它们被认为是同类药物中最危险的一种。二硝基酚是新陈代谢的一种强力刺激剂，曾一度被人类用作减肥药，可是用于减肥的剂量与中毒或致死的剂量相差很小，所以在停药之前，一些人就死去了，还有很多人的身体遭受了不可恢复的伤害。

一种相关的化学药品——五氯苯酚，又名"五氯酚"，既可以用作杀虫剂，也可以用作除草剂，常被喷洒在铁路沿线及荒地。从细菌到人，五氯酚对很多生物而言毒性都是很强的。同二硝基一样，五氯酚会干扰人体的能量

来源，而且往往是致命的，受害的生物体最终几乎将自己的生命耗尽。在加利福尼亚州卫生局最近的报告中，一起死亡案例表明了它可怕的毒性。一位油罐车司机将柴油与五氯苯酚混合，打算配制棉花脱叶剂。当他从油桶内抽取这种浓缩药物时，塞子意外地掉进了桶里。他伸手就将塞子拿了出来，尽管马上洗了手，可还是急性中毒，第二天就死了。

诸如亚砷酸钠或者酚类除草剂的后果大都显而易见，但另外一些除草剂的影响却是潜藏很深的。比如，当下流行的红莓除草剂——氨基三唑（俗名除草强），被认为毒性较小。但是，从长远来看，它有可能引发甲状腺恶性瘤，对野生动物和人类的影响更大。

除草剂中还有一些属于"突变剂"，也就是说它能够改变遗传物质——基因。辐射导致的基因变化，使我们深深震撼；那么，对于无处不在的化学农药所造成的同样后果，我们又怎能置若罔闻呢？

第四章　地表水和地下水的海洋

水资源在我们拥有的所有自然资源中，已经变得极其珍贵。地球表面绝大部分被汪洋大海所覆盖，然而，我们却仍然觉得水资源匮乏。这说起来好像很矛盾，那是因为海水中含有大量的海盐，大部分水资源并不适合用来发展农业、工业，以及供人类饮用。因此，世界上很多地区的人不是正面临着，就是将要面临严重的淡水资源短缺。在这个时代，人类已经忘记了自己的先祖，无视维持生存的基本需要，所以水资源和其他资源就成了人类冷漠态度的牺牲品。

人类的生存环境遭受了普遍的污染，现在我们选取其中一部分——杀虫剂对水的污染来了解一下。水资源的污染源有很多：核反应堆、实验室及医院排放的放射性废弃物；核爆炸的放射性粉尘；城市家庭垃圾；工厂排出的化学废料；等等。现在，一种新的沉降物也加入进来，它就是农田、果园、森林和原野普遍喷洒的化学药物。在各种各样的污染物大混杂中，许多化学药物之间潜藏着一些危险的、鲜有人知的互相作用及促使毒效的转换和叠加的效果，所以它们的危险程度甚至超过了辐射。

自从化学家们开始研制自然界前所未有的物质以来，对水进行净化的事

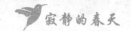
情变得越来越复杂，而水的使用者所面临的危险也不断加剧。正如大家所知，在20世纪40年代，这些化学合成物开始被批量生产。现在的不断增产，致使大量的化学污染物每时每刻都在往国内的河流中排放。当它们与家庭垃圾及其他废弃物充分混合一起排入河中后，用污水净化工厂惯常使用的方法有时根本无法检测出这些化学物质，而且大多数化学药物相当稳定，采用一般的处理方式不能将其分解。更夸张的是，它们经常不能被辨认出是哪种化学物质。在河流中，各种污染物相互产生化学反应生成了新的物质，卫生工程师只得无奈地称这种新化合物为"黏黏糊糊的东西"。麻省理工学院的罗尔夫·伊莱亚森教授在议会委员会前作证时，认为目前根本不可能预知这些化学药物的混合效果或者辨识它们产生的新有机物是什么。伊莱亚森教授说："我们还不知道那是些什么东西。我们也不知道，它们对人类产生什么影响。"

目前，对付昆虫、啮齿类动物或杂草的各种化学药物正在频繁使用，并不断产生新的有机污染物。有些化学药物是专门用于水体的，目的是消灭水中的植物、昆虫幼虫或杂鱼。有些来自森林，人们有时在森林中喷洒可以使一个州的二三百万英亩土地免受虫灾的农药，这种喷雾有的降落在河流中，有的穿过茂密的树冠落在地面上，接着它们融入缓慢流动着的水，开始了其向大海奔流的漫长旅程。还有一大部分可能是几百万磅农药残毒的水溶物，这些农药原本是用来对付昆虫和啮齿类动物的，但它们借助于雨水离开地面，成了世界水体的一部分。

这些化学药物的形迹在我们的河流，甚至自来水中随处可见。比如，人们从宾夕法尼亚州的一个果园区取来饮用水，在实验室里做活鱼试验，结果由于水中含有过量的杀虫剂，鱼在仅仅4个小时之内就死了。即使灌溉过棉田的溪水经过净化工厂的净化，也足以让鱼致死。亚拉巴马州的田纳西河有15条支流因流经田野接触过氯化烃这种有毒物质而使河里的鱼全部死亡，另外2条支流还供应着城市用水。在使用过杀虫剂一周之后，放在河流下游铁笼中的金鱼每天都有死去的，河水依然有毒是毋庸置疑的。

在绝大多数情况下，这种污染是很难被觉察到的，只有当成百上千的鱼死亡时，人们才会注意到事情的严重性。事实上，人们几乎很少能发现这种污染。迄今为止，检查水质的化学家们也没有对这些有机污染物定期检测过，更没有办法将它们清除。不管杀虫剂被发现与否，它们的确客观存在着，并理所当然地随着其他被人类广泛使用的药物一起，进入了美国几乎所有的河流中。

　　如果有谁对杀虫剂造成我们的水体普遍污染这个结论有什么怀疑的话，那么他真应该找到美国鱼类及野生动物管理局于1960年印发的一份报告看一看。这个管理局已经对鱼是否会像热血动物那样在体内残留、积累杀虫剂这个问题进行了研究。第一批样品取自于西部森林地区，为了消灭云杉树蚜虫，人们对森林大面积喷洒过DDT。正如调查者所料，所有的鱼体内都含有DDT。随后，调查者们又对离喷药区约30英里①远的一条小河湾进行对比调查，结果发现了一个有意思的情况：这个河湾在第一批样品采集地的上游，并且它们之间还隔着一个落差很大的瀑布。据悉，这个地方并没有喷洒过DDT，可是这里的鱼体内仍有DDT。DDT是通过地下水抵达遥远的河湾，还是像浮尘一样从空中飘落在河湾里呢？在另一个对比调查中，一个产卵区的鱼体内也被发现有DDT存在，但这些鱼生活的水最开始取自一个深井，同样，井里也没有喷洒药物。所以，唯一的污染途径可能就是地下水。

　　在所有水污染的问题中，大面积的地下水污染是最让人感到惶恐不安的。无论在什么地方，在水里加入杀虫剂却不想对水的纯净产生影响，这是办不到的。大自然很难使地下水域封闭、隔绝，并且它在水资源的供给分配问题上也从来不会这样做。雨水在降落到地面以后，会通过土壤、岩石的小孔及缝隙不断下渗，越来越深，直到到达岩石的所有小孔和缝隙都充满了水的地方。那是一片黑暗的地下海洋，它从山脚下开始，到山谷谷底沉没。地下水一直在运动着，有时速度缓慢，一年也超不过50英尺②；有时速度很快，一

----

①英里：英制长度单位，1英里约合1.609 3千米。
②英尺：英制长度单位，1英尺约合0.304 8米。

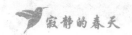
天就能流过1/10英里。它通过看不见的水系流动着，直到最终以泉水的形式从某地的地面流出，或者被引至一口井中。但是大部分情况下，它最终流入小溪或河流。除了直接进入河流的雨水和地表水流，地球表面所有流动的水在某一个时期都曾是地下水。因此，一个极其真实和惊人的观点就是，地下水体的污染意味着世界水体的污染。

科罗拉多州某制造工厂排放的有毒化学物一定是通过黑暗的地下水流抵达了好几英里远的农田区，并使那里的井水污染，使人和牲畜中毒，使庄稼遭到毁坏——这样离奇的事情发生一次之后，类似的事件就接踵而至。简而言之，水污染的历程就是这样的。1943年，一个化学兵团的洛基山军工厂开始在丹佛附近生产军用化学物资，8年后，这个军工厂将设备租给了一个私人石油公司生产杀虫剂。然而，杀虫剂还未开始生产，离奇的报告就传来了。距离工厂几英里的农民开始报告牲畜感染了莫名其妙的疾病，庄稼被大面积毁坏，树叶变黄了，植物也长不大，并且还有一些人感染疾病的消息传来。

这些农场的灌溉用水是从很浅的地层抽出来的，1959年，许多州和联邦管理处参与了对该地区井水的化验研究，结果发现这里的井水中含有化学药物的成分。在洛基山军工厂运作期间，工厂排放的氯化物、氯酸盐、磷酸盐、氟化物和砷进入了池塘。显然，军工厂和农场之间的地下水已经被污染了，并且七八年之后，被污染的地下水在地下流动了大约3英里后，到达了最近的一个农场。这种渗透还在继续扩展，调查者不清楚污染的范围到底有多大，也没有任何办法阻止污染的继续蔓延。

这一切已经非常糟糕了，但最令人感到吃惊且最有意义的发现是，调查者们在军工厂的池塘和井水中发现了2,4-D[①]的踪影。2,4-D是用来消灭杂草的，它的发现足以解释庄稼在用这里的水灌溉后为何会死亡，但这家军工厂根本没有在任何工序中生产过这种2,4-D，这是最令人匪夷所思的。

化学家们经过长期认真的研究发现：2,4-D是在宽广的池塘中自行合成

---

①2,4-D：一种选择性很强且具有内吸传导作用的除草剂，主要消灭对象为阔叶杂草、莎草及其他恶性杂草。

的。化学家们没有进行过任何干涉，它是兵工厂排放的化学物质在阳光、空气和水的作用下生成的。这个池塘已经成了生产新药物的化学实验室，这种化学药物对它所接触的植物给予了致命的攻击。

科罗拉多州这个故事具有普遍的重要意义。不只是科罗拉多州，其他受到化学污染的公共水域是否存在着类似情况呢？在各个地区的湖泊和小溪中，还有什么危险的物质能在空气和阳光的催化作用下，由带着"无害"标签的化学药物产生呢？

确实，水体遭到化学污染的程度最令人震惊的事实是：在河流、湖泊或水库中，甚至是放在你饭桌上的一杯水里都存在着化学家在实验室里都没能合成的化学物质。这种自由混合在一起的化学物能够相互作用，从而生成新的化学物质的可能性，使美国公共健康服务处的官员们感到困惑，他们非常害怕这么一个普遍存在的、从无毒无害的化学药物变成有毒物质的情况。这种情况可能存在于两个或者多个化学物质之间，也可能存在于化学物与数量不断增长的放射性垃圾之间。在游离射线的影响之下，使原子重新排列从而改变物质的化学性质很容易实现，这也会导致一系列不可预知、无法控制的后果。

当然，不光是地下水被污染了，就连地表流动的水，如河流、小溪、灌溉农田的水都被污染了。对于上述情况，设立在加利福尼亚州的图利湖和南克拉玛斯湖的国家野生动物保护区提供了相关例证，令人惶恐不安。这些保护区是俄勒冈州边界的北克拉玛斯湖生物保护区体系的一部分，它们享用共同的水源，互相联系。大片的农田就像广袤的海洋，将保护区重重包围，而保护区则像是点缀在海上的小岛。这些农田以前是水鸟的乐园——沼泽地和开阔水域，后来人们通过挖水渠、疏通河道才将沼泽和水域改造成农田。

这些围绕着保护区的农田，其灌溉用水取自北克拉玛斯湖。这些水浇灌过农田后集聚起来，又被抽进了图利湖，然后再流到南克拉玛斯湖。因此，设立在这两个水域的野生动物保护区的所有水中都混合着农田排出的水。知

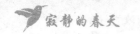

道这一事实，对了解目前所发生的事情是很有必要的。

1960年夏季，保护区的工作人员在图利湖和南克拉玛斯湖发现了上百只死去的或者奄奄一息的水鸟。这些水鸟大部分以吃鱼为生，如苍鹭、鹈鹕和鸥。经过研究，人们发现这些水鸟的体内有与毒药DDD^①和DDE^②相似的杀虫剂残留。湖中的鱼体内也有杀虫剂，就连浮游生物也是如此。保护区的管理人员称，农田喷洒的大量农药，通过灌溉用水回流，将农药残留带入保护区，并在保护区水域中日益增加。

每一个准备去打野鸭的猎人，每一个对成群的水鸟像飘带一样划过夜空的美景由衷喜爱的人都能觉察到保护区水域受到污染的严重后果。对于西部水鸟来说，这些特别的保护区有着重要的作用——它们就像漏斗的细颈，西部水鸟的所有迁徙路线都在这儿汇集。当迁徙季节到来时，这些保护区会有上百万只由白令海东海岸飞往哈德逊湾东部的鸟儿到来。秋天，3/4的水鸟飞向东方，抵达太平洋沿岸国家；夏天，生物保护区为很多水鸟，尤其是两种濒临灭绝的珍稀鸟类——红头鸭和红鸭提供了栖息地。如果保护区的湖泊和水塘被严重污染，那么西部水鸟的灭绝将是无法阻止的。

水支撑着一整条生物链，这个链条从微尘一般的浮游生物绿色细胞开始，通过很小的水蚤进入吃浮游生物的鱼儿体内，接着鱼儿又被其他鱼、鸟、貂或浣熊吃掉，这是一个从一种生命到另一种生命的无穷循环过程。我们知道，矿物质——水中生物所必需的矿物质同样也是从食物链的一环到另一环的。我们带入水中的有毒化学物质是否参与这样的自然循环呢？我们有理由这样设想。

加利福尼亚州清水湖的历史为我们的设想提供了证实。清水湖位于旧金山以北约90英里的山区，是著名的垂钓胜地。清水湖这个名字其实很不符合该湖的实际情况，因为该湖的整个湖底都是黑色的淤泥，看起来相当混浊。而且，湖水为一种很小的飞虫提供了适宜的繁殖地，这对于渔夫和沿岸的居

---

①DDD：又名滴滴滴，一种杀虫剂。
②DDE：又名滴滴伊，是DDT的主要代谢产物之一。

民来说，真是太不幸了。虽然这种小虫子与蚊子关系密切，但它们不吸人血，而且几乎不吃任何东西。然而，即便如此，附近的居民还是对它们的大量存在感到非常困扰。为此，人们采取了各种各样的措施，但都没起什么作用，直到20世纪40年代末氯化烃杀虫剂的出现。这一次，人们首先使用了一种与DDT有着密切联系的药物DDD，这种化学药物对鱼类的威胁要小很多。

1949年所采取的新措施经过全面规划，几乎没有人想到会造成什么恶果。人们勘察过这个湖，测定了它的容积，并且使用了1∶70 000 000高度稀释于水的杀虫剂。起初，这项措施效果显著，小虫得到了很好的控制，但到了1954年，人们不得不再次往湖中放药，这一次药物与水的浓度比例是1∶50 000 000，小虫再一次被成功消灭。

随后冬季来临，短短的几个月中其他生物受到化学药品影响的迹象出现了：生活在该湖的西方䴙䴘①开始死亡，并且很快就有报告称死亡数量已经上升到100多只。清水湖鱼类众多，吸引了大量西方䴙䴘于冬季来此筑巢、繁殖后代。这种鸟儿生得美丽，习性优雅，常年在美国和加拿大西部的浅湖上搭建浮巢。当它划过湖面，在水中泛起微微涟漪时，它的身体会稍稍浮出水面，而白色的颈部和黑色的头部则高高仰起，所以又有"天鹅䴙䴘"的美称。它们孵出的小鸟身着浅褐色的茸毛，出生后仅仅几个小时就跳进了水里，趴在它们的背上，舒舒服服地躺在它们翅膀上的羽毛中。

1957年，清水湖的小虫再次猖獗，人们不得不对其进行了第三次歼灭。结果，更多的䴙䴘死掉了。正如1954年一样，人们在对鸟的尸体进行化验时，依然没有检测出传染病。不过，当有人想到应该对䴙䴘的脂肪组织进行化验时，这才发现鸟儿体内的DDD含量已高达1 600PPM。

人们在湖中使用的DDD最高浓度是0.02PPM，为什么䴙䴘体内的DDD能达到如此高的含量呢？后来，人们对清水湖的鱼也进行了化验，答案的画卷才渐渐展开：最小的生物吞食DDD后将其浓缩，又传递到更大的生物体内。

①䴙䴘（pìtī）：一种水鸟，形似鸭子，但较为肥胖，主要以小鱼、虾、昆虫为食。

微小的浮游生物组织中，DDD 的浓度是 5PPM（最大浓度是水体自身的 25 倍）；以水生植物为食的鱼体内 DDD 的含量是 40PPM 至 300PPM；食肉的鱼类体内 DDD 浓度最大。而䴙䴘就是以吃鱼为生的。据了解，一种褐色的大头鱼体内 DDD 的浓度可达 2 500PPM。民间传说中"杰克建造的小屋"①的故事正在上演，在这个链条中，大型肉食动物吃掉小型肉食动物，小型肉食动物吃掉植食动物，植食动物又吃掉浮游生物，而浮游生物则从水中摄取了有毒物质。

更离奇的现象随后也出现了。在最后一次使用化学药物后的短暂时间内，DDD 竟然在水中杳无踪迹了。不过，有毒物质并没有从这个湖中消失，而是被湖中生物的机体组织吸收了。在停用化学药物后的第 23 个月，浮游生物体内的 DDD 浓度仍高居 5.3PPM。在将近两年的时间内，浮游植物花开花谢，虽然水里已不存在有毒物质了，可是它们却在浮游植物中一代一代毫无缘由地传递下去。同样，生活在该湖附近的动物体内也含有这种有毒物质。在停用化学药物一年后，所有的鱼、鸟和青蛙的体内依然能检测出 DDD，并且检测出的 DDD 浓度已超过了原来水体浓度的很多倍。这些有生命的毒素携带者，有的在 DDD 最后一次被使用的 9 个月之后孵化出了下一代，它们的下一代体内已积累了浓度超过 2 000PPM 的有毒物质。与此同时，䴙䴘的繁殖群也从第一次使用 DDD 时的 1 000 多对到 1960 年时已减少到大约 30 对。现在看来，这 30 对就算筑巢也是白费力气，因为自从最后一次使用 DDD 之后，人们就再也没有在湖面上发现过小䴙䴘的身影。

如此看来，整个中毒的链条始于微小的植物，所以原始的浓缩者一定就是这些植物。但是，处于食物链另端的人类又要面对什么样的情况呢？对这类事件还一无所知的人们可能早已准备好钓具，在清水湖中钓了很多鱼，晚上带回家油煎当作晚餐。一次使用大剂量的 DDD 或者多次使用 DDD 会对人类

---

①杰克建造的小屋：出自一首英文歌谣 *The House That Jack Built*，讲述了在杰克建造的小屋中上演的一系列层层嵌套的故事：老鼠吃掉了麦芽，猫吃掉了老鼠，狗杀死了猫……

带来怎样的影响呢？

尽管加利福尼亚公共卫生署宣称没有危害，但该局仍于1959年明令禁止在清水湖使用DDD。鉴于这种化学药物经科学证明具有巨大的生物效力，这种措施看起来是起码的安全措施。DDD的生理影响可能是所有杀虫剂中绝无仅有的，因为它能破坏肾上腺的一部分，即大家所知的肾脏外部皮层上分泌荷尔蒙激素的细胞。1948年，人们通过在狗身上做实验，发现了这种破坏性的影响，但人们在猴子、老鼠、兔子等动物实验中并没有发现这种影响，所以就片面地认为只有狗身上才会出现这种影响。后来，人们发现阿狄森病患者的症状与DDD在狗身上产生的症状非常相似，这才意识到这一情况的参考价值。最近，医学研究已经表明，DDD能强烈抑制人类的肾上腺。它的这种对肾上腺细胞的破坏能力目前正在为人类所用，以治疗一种罕见的肾上腺激增的癌症。

清水湖事件向公众提出了一个需要面对的现实问题：为了消灭昆虫，使用对生理过程影响如此巨大的化学药物，特别是采用将杀虫剂直接用于水体的措施，是否可取呢？有毒物质在湖体自然生物链中剧烈递增的情况已足以说明只允许使用低浓度杀虫剂这一规定并没有太大意义。现在，一个明显的小问题的解决，往往带来另一个更为棘手的潜在大问题。这种情况很多，而且越来越多。清水湖事件就是一个典型案例。小虫的问题解决了，对受小虫困扰的居民固然有利，但殊不知这给所有从湖里钓鱼、取水的人带来了多么大的威胁，而且还无法查明缘由。

人们无顾忌地将有毒物质带入水库正在变成一件十分平常的事情，这太让人震惊了。为了娱乐，最后甚至不惜花钱将水净化处理以恢复它原本的用途——饮用，人们也要这样做。某地区的运动员想在一个水库里"发展"渔业，于是说服政府当局，把大量的有毒药物倾倒在水库中，以杀死那些不称意的鱼，然后再养殖那些符合运动员口味的鱼。这个过程很奇怪，就像爱丽丝漫游仙境那样荒诞。水库本是公共水源，附近的乡镇可能还没来得及跟运

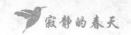

动员探讨这个计划是否可行，就不得不去饮用含有毒素的水，还要用自己缴纳的税款去净化水，而这并没有那么容易。

既然杀虫剂和其他化学药物已经污染了所有的地下水和地表水，那么有一种危险人们不得不面对——不仅有毒物质，致癌物质也正在入侵公共水源。国家癌症研究所的W.C.休珀博士警告人们："在可预见的未来，由饮用被污染的水而引发的致癌风险将大大增加。"实际上，20世纪50年代初在荷兰进行的一项研究已经证实，饮用污染的水将有癌症危险。将河水作为饮用水的城市，其居民的癌症死亡率要高于那些以井水为饮用水的城市。已经明确能致癌的物质——砷，已经两次卷入因饮用污染的水而引发大面积癌症的历史性事件中。第一次事件中的砷来自开采矿山的矿渣堆，第二次事件中的砷来自天然富含砷的岩石。大量使用含砷杀虫剂，很容易导致上述事件再度发生。这些地区的土壤也带有毒素。含砷的雨水汇入小溪、河流和水库，同时也进入了广阔的地下水的海洋。

在这里，我们再一次被警示：自然界中没有任何事物是孤立存在的。为了更清楚地知道我们的世界正在怎样被污染着，我们必须来了解一下地球的另一项基本资源——土壤。

第五章 土壤的世界

　　覆盖在大陆表面、像补丁一样一片片的土壤决定着我们人类和大地上其他各种动物的生存。如果没有土壤，陆地植物就无法生长，而没有植物，动物就不能存活。

　　若说我们以农业为基础的生活依然离不开土壤的话，那么对于土壤来说，它也离不开生命；土壤的起源和特性都与有生命的动植物密切相关。从某种程度来说，是土壤创造了生命，土壤生成于很久以前生物与非生物之间奇特的相互作用。当火山爆发喷出炽热的岩浆，原始的材料就有了；河水流过光秃秃的岩石，冲刷着最坚硬的花岗岩；冰霜严寒使岩石破裂，于是原始的土壤母质就开始形成。接着，生物开始了发挥它们神奇的创造能力，逐步地使这些毫无生机的物质变成了土壤。作为岩石的第一个覆盖物，地衣用它自身的酸性分泌物加速了岩石的风化，从而为其他生命创造了生存的地方。地衣的碎屑、小昆虫的外壳和海洋动物的残骸形成了原始土壤，而苔藓类植物就顽强地生长于其上。

　　生命创造了土壤，丰富多彩的生命又依存于土壤；如果不是这样，土壤就会变得死气沉沉、异常贫瘠。无数有机体在土壤中生存、活动，土壤才能

为大地披上绿色的外衣。

土壤处于无休止的循环之中，所以它一直在持续不断地变化着。当岩石被风化时，当有机物腐烂时，当氮气和其他气体随雨水降落地面时，新的物质就不断地被土壤收纳。同时，还有一些物质离开了土壤，生物因暂时的需求将它们借走了。微妙而极其重要的化学变化在这一过程中不断地发生着，与此同时，来自空气和水中的化学元素被转换成植物可用的形式。在所有这些变化中，生物有机体总是积极的参与者。

探索到底有多少种生物生存在黑暗的土壤世界中，这是一个令人困惑而且容易被忽略的问题。关于土壤中有机体之间互相制约的情况，以及土壤中有机体与地下环境、地上环境之间互相制约的情况，我们所知道的目前还太少。

人类肉眼看不见的细菌和丝状真菌是土壤中最小、也可能是最重要的有机体。它们的数量之多称得上是庞大的天文数字，一茶匙的表层土壤中约有数以亿计的细菌。即使这些细菌形体微小，但在一英尺厚的肥沃土壤表层中，含有的细菌总重量可以达到 1 000 磅之多。形似长线的放线菌数量比细菌稍少，但因为它们形体较大，所以在一定土壤中的总重量仍和细菌不相上下。这些菌类，与被称之为藻类的微小绿色细胞体一起，构成了土壤的微观植物世界。

细菌、真菌和藻类都是造成动植物腐烂的主要原因，它们将动植物的残骸还原成无机物。如果这些微小的生物不存在，那么各种元素庞大的循环运动（像碳、氮在土壤、空气和生物组织中的循环）都是无法进行的。举个例子来说，如果没有固氮细菌，植物虽然被含氮的空气包围，也无法得到氮元素。其他生物可以产生二氧化碳，并形成碳酸，从而促进岩石的分解。土壤中还有许多其他的微生物在参与着各种各样的氧化和还原反应，通过这个过程，铁、锰和硫等矿物质可以变得易于被植物吸收。

土壤中还存在着数量惊人的微小螨类，以及被称为弹尾虫的无翅原始昆虫。尽管它们体型微小，但在分解枯枝败叶、促使森林的地面碎屑转化为土壤方面起着关键作用。这些小生物的特性简直令人难以置信。例如，一些螨类只能存活于云杉树掉落的针叶中，它们隐蔽其中，消化掉针叶的内部组织。当它们完成任务后，针叶就只剩下一个空壳。森林地面土壤中的一些小昆虫更是令人吃惊，它们能把叶子浸软，然后消化，从而使分解的物质与表层土壤快速混合，对付起大量的枯枝败叶来也是相当厉害。

　　土壤孕育着小到细菌、大到哺乳动物的全部生物。除了这些微小的、不停劳动的生物外，还有许许多多的大型生物。它们有的永久生活在黑暗的地下；有的会在地下冬眠或者在它们生命中的某个阶段住在地下；还有一些则可以在洞穴和地上自由穿梭。总之，土壤中的这些生物使土壤通气，并促使水在植物生长层的流动、排出和渗透。

　　土壤中所有大块头的居民中，没有什么能比蚯蚓更重要了。75年前，查尔斯·达尔文发表了一本著作，名为《腐植土的产生与蚯蚓的作用》。在这本书中，达尔文使世人首次了解到蚯蚓在运输土壤中所扮演的地质因素的角色。地表岩石逐渐被蚯蚓从地下搬运上来的肥沃土壤所覆盖，在条件有利的地方，每年可以搬运很多吨土壤。与此同时，树叶和杂草中包含的大量有机物质（6个月中，每平方码①土地约有20磅）被其拖入土壤中的洞穴，并与土壤相混合。达尔文的计算表明，蚯蚓的劳作会一寸一寸地加厚土壤，10年就可以使土壤层加厚一半。并且，它们所做的贡献还不止这些。蚯蚓的洞穴使空气进入土壤，给土壤营造了良好的排水条件，可以促进植物根系的生长。在经过蚯蚓的消化道时，有机物质也会被分解，它的排泄物使土壤肥力大大增加。

　　因此，土壤世界是由各种相互交织的生命组成的，每一种生物都以某种方式与其他生物相互联系着——生物依赖于土壤，而反过来因为土壤保持着勃勃的生命力，所以它是地球至关重要的一部分。

　　现在，我们担心的，同时也一直未能引起足够重视的问题是：无论是作

①平方码：英制面积单位，1平方码约合0.836 1平方米。

为"杀菌剂"直接被喷洒在土壤中，还是由雨水直接带来（当雨水流过森林、果园和农田上茂密的枝叶时，携带了农药的残毒），当有毒的化学药物进入土壤中后，这些数量巨大并且有着重要作用的生物将会受到什么影响呢？比如，使用一种广谱杀虫剂来对付毁坏庄稼的某种昆虫的穴居幼虫，难道我们能够假设那些能够分解有机质的有益小虫不会被杀死吗？或者说，使用一种普通杀虫剂，真的不会杀死树根上那些促进树木从土壤中吸收养分的菌类吗？

事实上，这一极其重要的土壤生态学课题已经在很大程度上被科学家们忽视了，防治人员对此就更是完全不理睬了。对昆虫的化学防治一直建立在这样一种假设上，即土壤能够承受任何有毒物质的攻击而不进行任何反抗。土壤世界的天然属性已经被完全忽视了。

根据已有的少量研究，关于杀虫剂对土壤造成影响的情况正在被慢慢揭开。这些研究结果不尽相同，但是并不奇怪，因为土壤的种类非常多，以致在某一种类型的土壤中能够导致破坏的因素，在另一种土壤中却是无害的。轻质沙土遭受的破坏比腐殖土更严重。化学药物的混合使用比单独使用危害更大。这些结果的差异暂且不提，有关化学药物危害的充分、可靠的证据正在积累中，这使很多科学家都感到不安。

在一些条件下，与生物世界密切关联的一些化学转化已受到影响。其中一个例子就是，将大气中的氮转化为植物可用形态的硝化作用。除草剂2,4-D能使硝化作用暂时受阻。最近在佛罗里达州的几次实验中，将林丹①、七氯和六氯联苯（BHC）施用在土壤中仅仅两星期，土壤的硝化作用就有明显减弱；六氯联苯和DDT施用后一年内，其毒害作用一直存在。在其他的实验中，六氯联苯、艾氏剂、林丹、七氯和DDD都对固氮细菌在豆科植物根部形成必要的结瘤有着阻碍作用。菌类和更高级植物根系之间的那种神奇而有益的关系已经被严重破坏了。

大自然通过生物数量的精妙平衡实现自己的深远目的，可问题是，这种

---

① 林丹：γ-六氯环己烷，俗称γ-六六六，进入机体后主要蓄积于中枢神经和脂肪组织中，能使脏器营养失调，发生变性坏死。

精妙的平衡有时会被破坏。当土壤中的一些物种由于杀虫剂的使用而减少时，那么另一些物种就会激增，从而破坏捕食关系。这样的变化很容易改变土壤的新陈代谢活动，并影响其生产力。这些变化还意味着，从前受到压制的某些潜在有害生物会摆脱大自然的控制，出来作恶。

在讨论土壤中的杀虫剂问题时，必须牢记一个非常重要的事实，那就是它们盘踞在土壤中的时间是以年计算的，而非以月计算。人们在土壤中施用艾氏剂，四年之后仍能被检测出来，并且其中的一部分为微量残留，更多的则转化为狄氏剂。人们为了杀死白蚁而使用的毒杀芬①，十年以后仍然大量残留在沙土中。六氯联苯在土壤中能够留存11年；七氯或毒性更强的衍生化学物至少保存9年。在使用氯丹12年后，人们依然能在土壤中发现15%的残留量。

由此可见，即使人们有节制地使用杀虫剂，但随着时间的推移，土壤中的杀虫剂含量依然能够增长到惊人的程度。氯化烃的化学性质相当稳定，所以每在土壤中施用一次，都是在原来基础上的添加。如果反复不断地喷药，那么"一英亩地使用一磅DDT是无害的"这种说法就毫无意义。经检测，马铃薯地的土壤中DDT的含量是每英亩15磅，谷物地土壤中DDT的含量是每英亩19磅。研究一片蔓越橘沼泽地发现，每英亩DDT的含量是34.5磅。人们对从苹果园里采集来的土壤进行检测，发现这里的土壤污染可能达到了峰值，因为DDT的积累速率几乎与每年的使用量持平。在一个季节里喷过4次甚至更多次农药的果园中，DDT的残留量可达每英亩30至50磅。假若连续多年喷洒DDT，那么果树之间的土壤中DDT的含量在每英亩26至60磅，树下的土壤中则高达113磅。

一个能证实土壤确实能长久被毒害的著名案例是由砷提供的。虽然自20世纪40年代中期以来，砷作为一种烟草植物的喷洒药剂已经逐步被人造的有机合成杀虫剂代替，但是在1932—1952年间，美国烟草制成的香烟中砷的含

---

①毒杀芬：一种能产生兴奋作用、可致全身抽搐的杀虫剂，多为乳白色或琥珀色蜡样
固体。

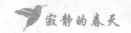

量增长了300%以上。而最近的研究发现，增长量已高达600%。砷毒理学权威专家亨利·S.赛特利博士说，虽然砷已经大量地被有机杀虫剂取代，但是烟草植物仍继续从土壤中吸收砷，因为种植烟草的土壤中富含一种溶解性差的毒物——砷酸铅。砷酸铅会不断地释放出可溶性的砷。按照赛特利博士的说法，绝大部分种植烟草的土壤已经遭受"叠加的、几乎永久性的毒害"。生长在东地中海地区的烟草，因未曾使用过砷杀虫剂，所以砷的含量没有出现如此剧增的现象。

接下来，我们将面临第二个问题，那就是我们不仅需要关注土壤里究竟发生了什么，还要知道植物从被污染了的土壤中吸收了多少杀虫剂。这个问题很大程度上取决于土壤和农作物的类型，以及自然条件和杀虫剂的浓度。土壤中有机物越多，释放的毒物量就越少。将来，人们在种植某种粮食作物前，必须对土壤中所含的杀虫剂进行检测分析，否则即使谷物没有被喷过农药，它也可能从土壤中吸收了足量的杀虫剂，从而不宜于供应市场。

这种污染方面的问题层出不穷，甚至一家儿童食品厂的厂长也始终不愿意去购买喷洒过有毒药物的水果和蔬菜。最令人恼火的就是六氯联苯，植物的根和块茎将它吸收后就带上了一种霉臭气味。两年前，人们在加利福尼亚州种植甘薯的土地上使用过六氯联苯，现在却因甘薯中的六氯联苯超标而不得不将其丢弃。

有一年，一家公司签订合同，准备购买南卡罗来纳州种植的全部甘薯，可是后来发现大面积的土地都被污染了，该公司只好重新购买其他地区的甘薯，这一次造成了巨大的经济损失。几年后，很多州种植的多种水果和蔬菜也遭到了丢弃。最令人烦心的就是花生。在南方的一些州，花生常常与棉花轮作，但因为棉花地广泛施用六氯联苯，导致其后种植的花生含有大量的六氯联苯残留。实际上，植物只要带有一点点六氯联苯，霉臭的气味就无法隐藏。化学药物还进入了果核中，人们无法将霉臭味去除。有时，试图去除这种霉臭味的举动不仅没有见效，反而会使味道加强。如果一位经营者决心消灭六氯联苯残毒，那么他能采取的唯一办法就是丢掉那些被化学药物污染的土壤上所长出的农作物。

只要土壤中存在杀虫剂污染，农作物自身有时就会遭到威胁，并且这种威胁一直存在。豆子、小麦、大麦、裸麦等作物对一些杀虫剂比较敏感，这些杀虫剂会阻碍其根系发育，并抑制种子萌芽。华盛顿州和爱达荷州的啤酒花栽培者们所经历的事情就是一个活生生的例子。1955年春天，许多啤酒花的根部都生出了大量的象鼻虫，所以栽培者们对其开展了大规模的治理活动。在农业专家和杀虫剂厂家的建议下，他们选择了七氯作为杀虫药剂。然而使用七氯不到一年，园子里的葡萄树都枯萎并死去。而没有喷洒过七氯的田地里，农作物都安然无恙。作物是否受到损害的界限就在用药和未用药的田地交界处。因此，人们不得不花了很多钱在山坡重新种上啤酒花，可是第二年新长出的嫩苗还是死掉了。4年后，这片土地依然被检测出含有七氯，就连科学家也无法预测土壤中的毒素还会存留多久，也不能给出任何建议去改善这种状况。直到1959年3月，国家农业部才发现此前宣布的"七氯适用于啤酒花"的声明是错误的，撤销这种建议已经来不及了。而啤酒花的栽培者们也只好走上法庭，寻求一些赔偿。

有一点毫无疑问，那就是我们正朝着危险前行。因为杀虫剂的使用从未停止，顽固的毒素不断地在土壤中积累。1960年，一群在思尔卡思大学集会的专家们于土壤生态学的问题上达成一致意见。他们总结了使用化学药物和辐射这种"强力的、人们不甚了解的工具"所带来的危害——人类的一些错误行为可能会毁灭土壤的生产力，然后各种昆虫将接管地球。

第六章 地球的绿披风

　　水、土壤和各种植物就像是大地的绿色斗篷，供养着地球上的各种动物。虽然现代人几乎已经忘了这个事实，但如果不是植物将太阳的能量转化成人类赖以生存的基本食物，那么人类根本无法生存。其实，我们对待植物的态度极为狭隘。通常，我们一旦发现某种植物具有某种直接用途，我们就会去大面积种植它。假如由于某种原因，我们不再需要这种植物了，或者对它不感兴趣了，我们就会将它立刻毁灭掉。除了各种对人畜有害的植物，或者不利于农作物生长的植物外，很多植物都会成为被毁灭的对象，仅仅因为我们狭隘地认为它们出现的时间不对、地点也不对而已。还有一些植物正好不幸地与人们打算除掉的植物相伴而生，因此也被人类毁掉了。

　　地球上的植物是生命之网的一个组成部分，其间存在着植物与地球之间、不同植物之间、动植物之间密切而重要的关系。有时候，我们不得已破坏这些关系，别无选择，但是我们应该谨慎一些，还要充分了解我们的行为在未来的某个时间或地点产生的后果。然而当下除草剂使用广泛，异常繁荣，并被大批量地生产出来，当然是没有人会保持谨慎态度的。

我们的轻率行为已经对风景破坏惨重。这里仅举西部地区鼠尾草①的例子。那里，人们正在大规模地毁掉鼠尾草，以培育牧场。这个例子需要以历史的观点和对自然风景的认知来理解。因为这片自然景色是各种力量相互作用的美丽画面。它就像展现在我们面前的一本书，我们可以从中了解这片土地的历史，并了解我们应该保持其完整性的原因。然而现在，书本已经打开，却无人去翻阅。

鼠尾草生长在西部高原和高原上山脉的斜坡地带，几百万年以前，落基山脉的隆起形成了这片土地。这里的气候异常恶劣：冬季漫长，暴风雪会从山上直扑下来，高原的平地上有很深的积雪；夏季雨水稀少，气候炎热，土地经常遭受干旱的威胁，干热风经常会将植物枝叶中的水分带走。

在自然演进的过程中，高原上的植物一定是经过了长期的磨合，才逐渐适应了这片狂风大作的高原。一次次的失败后，终于有一种植物得到进化，修炼得具备了生存需要的全部特性，这种植物就是鼠尾草。鼠尾草是一种植株低矮的灌木，它之所以能在山坡和高原上生长，完全是因为它灰色的小叶片能够保持水分，同时抵抗狂风。这不是偶然，而是自然选择的结果，所以西部大平原才成了遍布鼠尾草的地方。

与各种植物一样，有很多动物也随之经历了这片土地的自然选择。其中，有两种动物像鼠尾草那样完美地适应了它们的栖息地，一种是敏捷优美的哺乳动物——叉角羚，另一种是鸟类——艾草松鸡②。其中，艾草松鸡又被称为路易斯和克拉克的"平原之鸡"。

鼠尾草和艾草松鸡相互依存而生。艾草松鸡与鼠尾草的自然生长期是一致的；随着鼠尾草地的不断萎缩，艾草松鸡的数量也大幅度减少了。鼠尾草对于艾草松鸡来说，意味着一切。山脚下的低矮鼠尾草为艾草松鸡的巢和幼鸟提供了掩蔽，更茂密的草丛则是鸟儿游玩和歇息的场所。并且，鼠尾草还是艾草松鸡的主要食物。当然，这也是一个双向的关系。艾草松鸡的独特求

①鼠尾草：又名洋苏草，一年生草本，开浅蓝色或紫色花。
②艾草松鸡：北美洲最大的松鸡，属于走禽的一种。

偶方式使鼠尾草下边和周围的土壤得到疏松，并且将鼠尾草丛中生长的其他杂草清除掉。

羚羊是这个平原上最主要的动物，它们也逐渐适应了鼠尾草。当冬天的第一场大雪降临时，那些在山上度过夏季的羚羊都要向较低的地方迁移。在那儿，鼠尾草成了羚羊们最好的过冬食物。因为当所有其他植物的叶子都落光时，只有鼠尾草依旧常青，它那缠绕在浓密的灌木上的灰绿色茎叶味道微苦，却散发着清香，其中富含蛋白质和脂肪，还有动物必需的无机物。有时大雪覆盖很厚，但鼠尾草的顶部依然可以露在外面，羚羊用它尖利的蹄子不断刨雪就能吃到它。这时，以鼠尾草为食的艾草松鸡也能在光秃秃的、被风刮过的岩架上找到这些草，或者跟随着羚羊，到它们刨开积雪的地方来寻找食物。

其他的动物也在寻找鼠尾草。黑尾鹿经常以它为食。可以说，鼠尾草使那些食草牲畜能够安全过冬，从而存活下来。在一年的一半时间里，鼠尾草也是绵羊的主要草料。因为它能提供的营养和能量比苜蓿干草更高。

如此看来，严寒的高原，紫色的鼠尾草，矫健的野生羚羊以及艾草松鸡，这一切就是一个完美的自然生态系统。真的如此吗？至少在人们力图改变自然生长的鼠尾草草场方面，情况不是如此。在发展的名义下，土地管理局为了满足放牧者的无尽的牧场需求，正策划着除掉鼠尾草。于是，他们在一块天然适合鼠尾草生长的土地上，居然要消灭鼠尾草，以创造一片纯粹的草地。很少有人过问，创造这片草地是否为这一区域稳定的、符合人们期望的目标？显然，大自然自己的回答是否定的。在这一片雨水稀少的地方，每年的降雨量根本不能供养一片优质的草场，而只能养活那些在鼠尾草掩蔽下多年生的丛生禾草。

然而，消灭鼠尾草的计划已经开展多年了。一些政府机构表现得十分积极；工业部门也满怀热情地参与进来，因为这一事业不仅为草种销量，还为大型收割机、耕作机及播种机等开拓了广阔的市场。最新增加的武器便是化学药剂。如今，每年都有数百万英亩的鼠尾草地被喷洒了药物。

后果如何呢？消灭鼠尾草、种植牧草的结果基本可以预测。深知这片土地的特性的人们说，单纯种植的牧草，其生长情况不如在鼠尾草掩蔽之下生长得好，因为它失去了鼠尾草所保持的水分。

即便这个计划实现了短时的目标，可是，整个紧密联系着的生态系统被撕裂了。羚羊和艾草松鸡会随着鼠尾草的绝迹而一起消失，鹿群也将遭受苦难，野生动植物的毁灭会使这片土地变得无生气。甚至是计划中将要受益的牲畜也将遭难，因为没有了鼠尾草、耐寒灌木和其他野生植物，它们只能在冬季的暴风雪中挨饿。

这些都是首要的、显而易见的影响。而接下来，则与那些对付自然界的喷药枪有关：喷药使人们目标之外的大量植物受害。法官威廉·道格拉斯在他新近的著作《我的荒野：东至卡塔丁》中提到了惊人案例，那就是美国林业服务处在怀俄明州的布里杰国家森林中所造成的生态破坏。由于牧民想得到更多草地，10 000多英亩的鼠尾草草地被林务局喷了药，鼠尾草如期被杀死了。但是，那些沿着弯弯曲曲的小河生长在原野之上的垂柳，也遭到了同样的杀戮。驼鹿一直生活在这些柳树林中，柳树之于驼鹿正如鼠尾草之于羚羊。海狸也生活在那儿，它们以柳树为食，还经常折断柳枝在小河上建造牢固的堤坝。经过海狸的劳动，一个小湖就形成了。生长在山间溪水中的鳟鱼很少能长到6英寸长，然而在湖中，它们竟然能长到5磅重。水鸟也被吸引到湖边。仅仅因为柳树和依靠柳树而生的海狸，这个地方变成了一个迷人的渔猎胜地。

然而，由于林业服务处的"改良"措施，柳树遭遇了和鼠尾草一样的下场，它们被不分青红皂白地杀死。1959年，也就是该地区正在喷药的那一年，道格拉斯来到这个地区进行访问。当看到那些枯萎垂死的柳树，他异常惊骇，认为这是"巨大的、难以想象的创伤"。驼鹿会怎么样呢？海狸和它们创造的小天地又会怎么样呢？一年以后，为了了解环境被毁坏的程度，道格拉斯再

次来到这里。结果，驼鹿和海狸都逃走了。那个重要的堤坝也因为缺少"建筑师"的维护而消失无踪了，湖水已经干涸，大点儿的鳟鱼一条不剩，没有什么生物能在这个被遗弃的小河湾里存活，这条小河孤独地流过光秃秃的、炎热的、没有任何树荫的土地。这个生态系统已经被破坏了。

为了消灭杂草，人们除了每年对400多万英亩的牧场喷药外，其他类型的大片地区也在直接或间接地接受化学药物的"洗礼"。例如，为了"控制灌木"，一片比整个新英格兰还大的区域（50 000 000英亩）正在公共事业公司的经营之下接受例行处理。在美国西南部，大约有75 000 000英亩的豆科灌木需要治理，而喷洒化学药物经常是最受推崇的办法。为了从针叶树中"清除"阔叶树，人们正在对一片面积很大的木材生产地进行空中喷药。在1949年后的10年期间，喷洒除草剂的农业土地面积翻了一番，1959年已高达53 000 000英亩。现在，喷洒除草剂的私人草场、花园和高尔夫球场的总面积，一定是一个惊人的数字。

化学灭草剂是一种新型工具，它们效用惊人，能给使用者提供一种令人眩晕的、超自然的力量，但是其长期的、不大明显的影响很容易被视为悲观主义者的臆想而被忽略。"农业工程师们"兴致勃勃地鼓吹"化学耕种"，称喷药枪将会取代犁具。数以千计的市政官员对那些化学药物推销商和承包商的话筒直洗耳恭听。他们声称只需收取一定费用就可以将路边的灌木丛消灭掉，而这比割草更便宜。也许，在官方文件整洁的数据表中会是这样，可是真正付出的代价不仅仅是金钱，还包括其他种种弊端，以及对环境和依存环境而生的各种生物造成的长期而不可恢复的破坏。当然，化学药物的诸多广告费用也是很昂贵的。

比如，到处被商人推销的某个商品在度假游客心中会有怎样的评价呢？由于路边一度美丽的原野被化学药物破坏，抗议的呼声越来越高。由羊齿植物、野花、浆果点缀着的天然灌木丛不见了，只剩下一片棕色的、枯萎的旷野。一个新英格兰的女士生气地给报社写控诉信："道路两旁的风景正在被糟蹋成肮脏的、深褐色的、毫无生气的地方。我们花了很多钱来宣传这里的美景，游客们可不想看到这样的景象。"

1960年夏季，来自许多州的环保主义者齐聚在缅因州一个宁静的小岛上，共同倾听国家奥杜邦学会（Audubon）协会主席米利森特·宾汉的演讲。那天的演讲主题是保护自然环境，保护从微生物到人类交织而成的生命之网。但造访该岛屿的人们私下都对沿路风景遭到破坏感到非常愤慨。

以前，漫步在四季常青的森林小路上是件多么令人愉快的事，道路两旁都是杨梅、羊齿植物、赤杨和越橘。如今，这里只留下一片灰色的荒芜。一位环保人士写下了他8月份游览缅因州所见的情形："我来到这里，为自己看到的一切而生气，为缅因州道路两旁的破败景象感到愤怒。前几年，这儿的高速公路两旁都是野花和漂亮的灌木丛，而现在只剩下一些死去的植物……从经济角度考虑，缅因州能够承受失去游客而带来的损失吗？"

一项无意识的破坏正在全国范围内上演，那就是治理道路两旁的灌木丛。缅因州仅是其中一例，不过对于我们中间那些深爱缅因州美景的人来说，它所遭受的破坏令人异常痛心。

康涅狄格植物园的植物学家说，对道路两旁美丽的原生灌木和野花的破坏已到了"危机"的程度。杜鹃花、月桂树、蓝莓、越橘、荚蒾、山茱萸、杨梅、羊齿植物、低棠棣、冬青树、苦樱桃以及野李子濒临死亡的边缘。雏菊、黑眼苏珊花、安妮女王花、秋麒麟草以及秋紫菀也枯萎了。这些植物曾给大地增添了迷人魅力和风景。

喷洒农药的计划不仅不周全，还存在滥用的现象。一个承包商在新英格兰南部的一个小镇完成他的工作后，将桶里剩余的一些农药随意倾倒在禁止喷洒农药的道路两旁。原本，路旁长着美丽的紫菀和秋麒麟草，吸引了很多人前来观赏，然而这之后就再也见不到秋天时那蓝色和金色交织的美丽道路了。在新英格兰地区的另一个城镇，一个承包商在公路局毫不知情的情况下，私自改变了喷洒标准，将农药喷到了8英尺的高度，而现在的规定是不能超

过4英尺，结果造成了一条宽阔的、灰色的破坏带。在马萨诸塞州的一个乡镇，官员们从一个热情的农药推销商那里购买了一种除草剂，却不知道除草剂中含有砷。在道路两旁喷洒之后，后果之一就是，12头母牛因砷中毒而死亡。

1957年，沃特福德镇在道路两旁喷洒除草剂之后，康涅狄格植物园中的树木遭受了严重伤害，即使没有直接喷洒的大树也受到了影响。虽然正值春天生长的季节，橡树的叶子却开始卷曲并干枯。接着，新的枝叶开始疯长，由于速度过快，全都耷拉着，整个树林一片凄凉。两个季节过后，大的树枝已经枯死，其他的树枝叶子早已掉光，整片树林开始扭曲破败的景象还在继续。我知道有一段路，在道路所经之处，大自然用更多的赤杨、荚蒾、羊齿植物和刺柏装点了道路两旁。随着季节的变化，道路两旁有时是鲜艳的花朵，有时是宝石串一般的累累硕果。这条路并没有很大的交通压力，急转弯和交叉口也几乎没有灌木妨碍司机的视线。但是喷药人接管这条路后，人们再也不会对这条路有任何留恋了。他们匆匆而过，虽然无法忍受这样的事实，却不去想正是我们让那些技术员造成这样的后果的。很多地方的政府机构疏于监管，却意外地在严格、系统的防治下留下了片片绿荫——正因如此，道路两旁被毁坏的景象更难以让人接受。

在这里，火焰般盛开的百合花、随风飘动的白色三叶草，或者成片的紫色野豌豆花，所有这些景色，都会让我们精神振奋。只有那些销售和使用除草剂的人，才会觉得它们是"杂草"。在杂草防治会议（现已成为常规机制）的某一期记录中，我曾看到一篇关于除草哲学的奇谈怪论。文章的作者坚持认为杀死有益植物是正确的，并为此辩护，称"这些植物长在一起就有危害"。他说，那些反对除掉路旁野花的人让他想起了历史上反对活体解剖的人，"如果按照他们的说法，那么一只路边的流浪狗都比孩子们的生命更神圣"。

发表这种言论的作者，肯定认为我们这些人性格扭曲。在他看来，我们竟然为了能欣赏到野豌豆花、三叶草和百合花那转瞬即逝的美丽而去忍受路边的"杂草"，我们竟然不为能迅速清除"杂草"而兴奋，我们也没有对人类再一次征服大自然而欢欣鼓舞，这真是太可悲了。

法官道格拉斯谈到他参加的一个联邦专家会议，会议主要讨论的是本章前面所讲的居民们抗议喷药消灭鼠尾草计划的问题。当一位老太太因为野花也将被毁坏而抗议这个计划被与会者认为是天大的笑话时，这位仁慈而富有洞察力的律师反问道："她寻找一株萼草或卷丹的权利，不应该像牧人要寻找一片草地，或者伐木者要寻找一棵树木的权利一样不可剥夺吗？""原野的美学价值就像山脉中的铜矿、金矿和我们山区的森林一样珍贵。"

当然，除了美学方面的价值，保护路边植物还有更重要的意义。因为在大自然中，自然生长的植物有着十分重要的作用。乡间小路边的树篱为众多鸟类提供了觅食、隐蔽和筑巢孵卵的地方，也是许多小动物的栖息地。单就美国东部地区生长在路旁的70多种灌木和爬藤植物而言，其中有65种都是野生动物的主要食物来源。

野蜂和其他的授粉昆虫也常常栖息在这些植物上。现在，人们对这些天然授粉者已经感到迫切需要了。可是农夫自身意识不到这些野蜂的价值，他们常常采取各种错误的手段，使这些野蜂不能再服务于他们。很多农作物和野生植物或部分或完全地依赖于天然授粉昆虫的服务。有数百种野蜂为农作物授粉——单紫苜蓿花就有100种野蜂传粉。若没有这些天然授粉者，绝大部分保持土壤和给土壤增加肥力的野生植物必定要灭绝，进而给整个地区的生态环境带来深重的影响。森林和牧场中的许多树木和野草都依靠昆虫进行传粉；如果这些植物灭绝了，许多野生动物和牧场牲畜都没有食物可吃。现在，精耕法和化学药物正在摧毁树篱和野草——授粉昆虫最后的避难所，也正在切断生命与生命之间的联系。

据我们所知，这些昆虫对我们的农业和田野风景非常重要，我们应当好好对待它们，而不是随意破坏它们的栖息地。蜜蜂和野蜂对秋麒麟草、芥菜和蒲公英这类"野草"有很强的依赖性，因为它们的花粉可以作为幼蜂的食料。紫苜蓿开花前，野豌豆花为蜜蜂供给了充足的春天食料，以帮助它们顺利度过春荒，准备好为紫苜蓿花授粉。秋季，没有了其他食物，秋麒麟草可以帮助它们储备好过冬的食物。通过大自然精确而巧妙的时间掌控，柳树开花的时候，一种野蜂不早不晚地恰好出现。知道这些情况的人并不少，但他们不是那些制订计划并使化学药物大规模渗透在整个大地的人。

然而，那些本应懂得保护野生动物栖息地价值的人现在去哪里了呢？他们中那么多人都在为除草剂的"无害"而辩护，认为除草剂的毒性比杀虫剂弱，对人类是无害的。

然而，当除草剂被喷洒在森林、田野、沼泽和牧场的时候，会给野生动物栖息地造成显著的变化，甚至是不可恢复的破坏。从长远来看，使野生动物无处可居、无物可食，甚至比直接杀死它们更残忍。这种全力对路旁及公路的化学攻击的讽刺性是双重的。以前的经验已经很清楚了，人们想要实现的目标不是那么容易实现的。大面积使用除草剂并不能长久地控制路旁灌木丛的生长，而且人们还需要每年都喷洒。更有讽刺意味的是，我们一定要坚持这样的方式，全然不顾妥善的选择性喷药法，认为用这种方法可以长久地控制植物生长，而不必在许多植物上反复喷药。

控制路旁及公路灌木丛的目的，不是要将地面上除了青草之外的植物都消灭掉，更确切地说，是为了将那些长得很高的植物除掉，以防止其遮挡驾驶员的视线或干扰公路线缆。一般说来，这些长得很高的植物指的是树。大多数灌木都长得低矮，当然，羊齿植物和野花也是如此。

选择性喷药法由美国自然历史博物馆公路灌木丛控制委员会的主任——弗兰克·艾戈勒博士发明。大部分灌木能够坚决抵制乔木的入侵，选择性喷药法就利用了自然界的这一内在稳定性。相对来说，草地很容易被树苗树木的幼苗入侵。选择性喷药的目的不是为了在路旁和公路培植青草，而是为了直接消灭那些高大的乔木，进而保护其他植物。一次处理基本就足够了，对于那些抵抗性较强的植物，可以进行追补处理。这样，灌木就很好地被控制住了，大树也不会再生。因此，控制植物最好、最经济的方法不是通过化学药物，而是通过控制其他植物。

美国东部的研究区已经开始试验这个方法了。结果显示，如果处理得当，一个地区的植被状态就会稳定下来，以后的20年都不需要再喷洒药物。通常，喷药人员会背着喷雾器步行来喷药，这样可以实现对喷雾器的完全控制。有时，也可以在卡车的底盘上放置压缩泵和喷药器械，但是绝不会地毯式的喷洒，只是对那些乔木和长得很高的灌木进行喷洒。这样不仅保护了环境的完整性，野生动物栖息地也完好无损，并且灌木、羊齿植物和野花组成的美丽风景也得以留存。

选择性喷药处理植物的方法得到了广泛使用。可是，人们根深蒂固的习惯难以改变，地毯式的喷洒死灰复燃，它不仅每年都给纳税人增加沉重的负担，还使生态系统遭到破坏。可以肯定的是，地毯式喷洒之所以死灰复燃，仅仅是因为人们不知道上述事实。如果纳税人意识到对城镇道路喷药的账单会一代人收到一次，而不是每年一次的时候，他们肯定会呼吁改变喷药方式。

选择性喷药有很多优点，其中之一就是它能将渗到土壤中的化学药物量降到最少。药物不再是大面积喷洒，而是集中到树木根部使用。这样以来，药物对野生动物产生的危害就降到了最低程度。

2,4-D、2,4,5-T及其相关化合物是目前最普遍使用的除草剂。这些除草剂是否有毒，现在还存在争议。用2,4-D喷洒自家草坪的人，如果不慎将药水喷在自己身上，那么就可能患急性神经炎，甚至瘫痪。虽然这种案例并不常见，但是医学权威已经发出警告，必须慎用这些化合物。2,4-D还可能存在潜在危害，实验表明，它能破坏细胞内呼吸的基本生理过程，并像X射线一样破坏染色体。最近的一些研究显示，即使是远低于致死的剂量，2,4-D以及另外一些除草剂也会严重影响鸟类的繁殖。

除了那些直接的毒性外，某些除草剂还会产生一些奇怪的间接影响。人们已经发现，不管是野生食草动物还是家畜，有时会被喷洒过药物的植物莫名其妙地吸引，尽管这种植物不是它们的天然食料。如果使用了像砷那样毒性强大的除草剂，动物对枯萎植物的强烈愿望必然会导致灾难性的后果。如果恰好植物本身有毒，抑或长有荆棘和芒刺，那么毒性稍弱的除草剂也可能致死。例如，牧场上的有毒野草在喷药后突然对牲畜极具吸引力，牲畜就会沉溺于这种不正常的食欲而死亡。兽医药物文献中，这样的例子比比皆是：猪吃了喷过药的苍耳子会患上重疾；羊会去吃喷过药的蓟草；芥菜开花时喷药会引起蜜蜂中毒；野生樱桃的叶子本身就有很强的毒性，一旦被2,4-D喷洒过，就对牛产生致命的诱惑。很明显，喷药后（或者割下来）的萎蔫植物更有吸引力。狗舌草的例子就不寻常了。除非在深冬和早春食料短缺的时候，否则家畜一般不吃这种草，然而，当这种草被喷洒过2,4-D后，动物就很愿意吃。出现这种奇怪现象，是因为化学药物改变了植物本身的新陈代谢。植物体的糖分会暂时显著增加，从而对食草动物更具吸引力。

2,4-D还有一种对牲畜、野生动物和人类都具有影响力的奇怪效能。10年前的一些实验表明，喷洒过除草剂的谷类及甜菜，硝酸盐含量会急剧增高。高粱、向日葵、紫露草、羊腿草、藜以及荨麻都会有类似的效果。家畜本来是不愿吃这些草的，但是喷洒过2,4-D后，家畜吃起来却津津有味。一些农业专家调查研究后发现，大量的家畜死亡案例都与喷药的野草有关，而硝酸盐的增长就是致死的主要原因。大多数反刍动物的消化系统都非常复杂，它们的胃分为四个腔室。纤维素是在瘤胃细菌的作用下，在其中一个腔室里完成的。当硝酸盐含量很高的植物被动物吃掉后，消化系统中的微生物便与硝酸盐起作用，从而生成毒性很强的亚硝酸盐，于是一系列致命的事件便发生了：亚硝酸盐作用于血液色素，产生一种巧克力色的物质，氧被禁锢在这种物质中而无法参与呼吸过程，这样氧就不能通过肺部输送至全身各个组织。接下来的几个小时里，动物就会因为缺氧而死亡。这样，关于牲畜吃过喷洒了2,4-D的植物而死亡的各种报告终于有了一种合理的解释。反刍类野生动物也同样面临着此类危险，例如鹿、羚羊、绵羊和山羊。

虽然有很多因素（如干燥的气候）可以导致硝酸盐含量增加，但是我们再也不能不顾 2,4-D 的滥卖与滥用的后果了。这种状况已经引起了威斯康星州大学农业实验室的重视，他们在 1957 年发出警告："有大量的硝酸盐存在于被 2,4-D 杀死的植物中。"人类和动物面临着同样的危险，这也解释了近来不断发生的"粮仓死亡"事件——含有大量硝酸盐的玉米、燕麦或高粱在储存期间，会释放出有毒的氧化氮气体，任何进入粮库的人都会发生危险。吸上几口这样的气体，人就有可能引发一种扩散性的化学肺炎。在明尼苏达州医学院研究的一系列类似病例中，仅一人存活，其他的全部死亡。

"我们在大自然中行走，就像大象在摆满瓷器的小房子里散步一样。"一位对一切了如指掌的荷兰科学家 C. J. 贝尔金这样形容我们对于灭草剂的使用。贝尔金博士还说："人们错误地认为，要除去的野草太多了，其实我们并不清楚长在庄稼地里的那些草是全部有害呢，还是部分有益。"

提出这一问题难能可贵：野草和土壤之间存在着什么样的关系呢？即便从人类自身利益考虑，它们之间也是互益的。正如我们所看到的，土壤与生活在土壤中或土壤之上的生物有着一种互相依赖、互为补益的关系。野草既能从土壤中获取一些东西，也会给予土壤一些东西。

最近，荷兰一个城市的花园案例就是一个很好的佐证。那个花园中的玫瑰花长势不好，人们分析了土壤样品，发现土壤遭到了一种微小线虫的严重侵害。对此，荷兰植物保护局的科学家没有推荐化学喷药或进行其他处理，而是建议在玫瑰花中间种植金盏花。在玫瑰花丛中，无论任何人都会将金盏花当成杂草。但是，金盏花根部的分泌物能杀死土壤中的线虫。这一建议被采纳了。为了进行对比，人们在一些花坛中种植了金盏花，而另外一些不种。结果非常明显，种植了金盏花的花坛中，玫瑰长得很好，但不种金盏花的花坛里，玫瑰却越来越萎蔫了。现在，许多地方都用金盏花来对付线虫。

或许，还有其他一些植物正对土壤起着有益的作用，但因为我们不甚了

解，而将它们残忍地消灭。现在，通常被人们称为"野草"的自然植物群落具有一种重要的作用，那就是指示土壤状况。当然，在很多长期使用除草剂的地方，这种作用早已消失了。

那些用喷药方式解决问题的人们忽视了一件具有重大科学意义的事情——必须保留一些自然植物群落。我们需要它们作为衡量我们自身活动所带来的变化的一个标准。我们需要这些植物群落作为自然的栖息地，以保留昆虫和其他生物的原始数量，这些情况将在第十六章中讲到。昆虫对杀虫剂的抗药性与日俱增，它们的遗传基因正在发生改变，其他生物的遗传基因也许正在受到影响。一位科学家已经提议说：在这些昆虫的遗传基因改变之前，我们应当修建一些特殊的"动物园"，以保留昆虫、螨类及同类生物的种群原貌。

有些专家曾发出警告说，由于除草剂的广泛使用，植物发生了重大而影响深远的变化。2,4-D可以消灭阔叶植物，这使得一些草类失去竞争而疯狂滋长，现在这些草类自身也变成了"杂草"。于是，新问题出现了，朝着一个方向转化的循环开始了。在最近一期的农作物杂志上，这种奇怪的想象得到承认："由于广泛使用2,4-D控制阔叶杂草，反而使其他一些野草增长，对谷类与大豆的产量构成了另一种威胁。"

豚草作为花粉病患者的病原，就是一个有趣的案例。人们所做的控制自然的努力，有时候就像澳洲土著投掷的飞碟一样，投出去后转了一圈又飞回原地。人们为了控制豚草，沿道路两旁喷洒了成千上万加仑的除草剂。然而不幸的是，地毯式的攻击反而使豚草更多了。豚草是一年生植物，每年它的种子都需要一定的开阔土地才能生长，所以我们只要多多种植浓密的灌木、羊齿植物和其他多年生植物，就能有效遏制豚草的蔓延。然而，人们经常性的喷药反而消灭了这些保护性植物，并为豚草的种子创造了开阔的生长地，于是豚草便迅速地长满了这片区域。此外，空气中的花粉含量可能与路旁的豚草无关，而与城市地块上和休耕地上的豚草有关。

错误的方法曾经盛极一时，马唐草除草剂的销量大增就是一个例子。其实，有一种比每年喷洒化学除草剂除去马唐草更廉价、更有效的方法，那就是让马唐草与另外一种牧草竞争，而竞争的结果就是令马唐草无法生存。马唐草只能在不茂盛的草地上生长，这是它的特性，而不是什么疾病。我们可以提供一块肥沃土壤，使我们需要的青草茂盛地生长起来，这样就创造了一个马唐草不能适应的环境，因为它的种子需要开阔的空间才能生根发芽。

　　苗圃工作人员听从了农药生产商的建议，而郊区居民又听从了苗圃工作人员的建议，于是郊区居民每年都把大量的马唐草除草剂不断在草坪上喷洒。这些农药的特征从商标名字上是看不出的，但它们的配方中含有汞、砷和氯丹一类的有毒物质。随着农药的销售和应用，大量的有毒化学药物留在了草坪上。如果按照一种药品的使用说明书，用户将在一英亩的草地上使用60磅氯丹。如果他们使用了其他产品，那么在一英亩草地上将会有175磅砷。我们在第八章将会看到，鸟类的大量死亡正困扰着人类。这些草坪究竟给人类造成多大毒害，现在还不清楚。

　　对路边和路标界植物的选择性喷药试验不断取得成功，带给我们一种希望——通过正确的生态调节方法可以完全控制农场、森林和牧场的植物。使用这种方法不是为了消灭某种植物，而是要把它们作为一个有生命的群落加以管控。

　　其他一些切实的成绩也说明了什么是我们能够做得到的。在消灭不需要的植物方面，生态控制法获得了惊人成就。大自然本身也遇到了一些困扰人类的问题，但它通常能用自己的方法成功解决。如果聪明的人类善于观察和效仿大自然，那么他也一定会取得成功。

　　加利福尼亚州控制克拉玛斯草的例子，就是人类控制不需要植物的一个出色案例。克拉玛斯草，又名山羊草，是欧洲土生土长的一种草类（在欧洲叫作圣约翰斯沃特草），后来随着人们向西部迁移，1793年在美国首次发现于宾夕法尼亚州兰开斯特市附近。1900年，这种草蔓延到加利福尼亚州的克拉

玛斯河附近，也由此而得名。1929年，这种草已经占领了100 000英亩的牧场。而到了1952年，约2 500 000英亩土地遭到入侵。克拉玛斯草不同于鼠尾草这样的本土植物，在当地的生态系统中它没有自己的位置，其他生物也不需要它。它出现在哪里，哪里的牲畜就可能因为吃了这种有毒的草而变得"满身疥疮，口腔溃疡，毫无生气"。土地的价值也会因为它而降低，所以克拉玛斯草被认为是罪魁祸首。

但在欧洲，克拉玛斯草从来不会引起什么不好的结果。因为有很多昆虫以它为食，所以这种草不会大面积扩张、蔓延。尤其是法国南部的两种甲虫，它们有豌豆那么大，全身泛着金属光泽，已经完全适应了这种草，并且以此为食，繁殖后代。

1944年，美国首次引进了这两种甲虫，这具有重要的历史意义，因为在北美，这还是第一次尝试利用食草昆虫来控制植物。1948年，两种甲虫都较好地繁殖起来，不需要再进口了。人们通过从原来的繁殖地收集，然后以每年数百万的数量投放出去，实现甲虫的扩散。在一些较小的区域内，甲虫会自行扩散，只要克拉玛斯草得到消除，甲虫就会马上转移，到另一个地方"安营扎寨"。随着甲虫对克拉玛斯草的消耗，人们盼望的牧场又回来了。

1959年完成的一项10年调查显示，对克拉玛斯草的控制"取得了比推动者的预期还要好的效果"，其数量已经减少到了原来的1%。剩余的草已经不能构成威胁了，而且是必要的，因为它们要维持甲虫的存活，以防止克拉玛斯草的反复。

控制杂草的另一个成功且经济的例子发生在澳大利亚。当年，殖民者经常会将一些植物或动物带到被殖民国家或地区。大约在1787年，一个名叫亚瑟·菲利浦的船长带了很多种类的仙人掌到澳大利亚，以培育用作染料的胭脂虫。一些仙人掌从他的果园里流出，直到1925年，人们发现已经有近20种仙人掌变成野生植物了。因为仙人掌在这个区域里没有天敌，所以它们就大肆蔓延开来，最后占领了几乎60 000 000英亩的土地。这块土地几乎一半的面积都被仙人掌覆盖了，变得毫无用处。

1920年，澳大利亚昆虫学家被派往这些仙人掌的原产地——北美和南美去寻找它们的昆虫天敌。通过对一些昆虫的反复研究，科学家于1930年把30亿个阿根廷飞蛾的卵带回澳大利亚。7年以后，最后一片茂盛的仙人掌也死掉了，曾经不能居住的地方又可以居住、放牧了。整个计划花费的成本是每英亩不到1便士。相反，最初那些不能起到预期效果的化学控制的花费却是每英亩10英镑。

这些例子均表明，要控制各种多余植物，可以先从研究各种食草昆虫着手。这些昆虫可能是所有食草动物中最挑剔的，它们高度专一的摄食习性很容易为人类做出贡献，但牧场管理科学却常常忽视这种可能性。

第七章 飞来横祸

当人类宣称，要向征服大自然的目标迈进时，一部令人痛心的大自然破坏史已经开始书写了。人类的行为不仅直接危害了他们所居住的大地，也危害了与人类共享大自然的其他生物。近几个世纪的历史就不乏这样的黑暗篇章——西部平原的野牛大屠杀；猎人对海鸟的杀害；为了得到白鹭羽毛几乎将白鹭近乎灭绝地屠杀。不仅如此，我们现在正在为这些黑暗篇章增添新的内容——化学杀虫剂不加区别地向大地喷洒，致使鸟类、哺乳动物和鱼类直接受害，事实上，各种野生动物也都在受害。

按照我们目前的理论，似乎没有什么可以阻止人们使用喷雾器。在人们对付昆虫的战役中，一些附带的被害者是无关紧要的；如果知更鸟、野鸡、浣熊、猫，甚至牲畜不幸地处于即将被消灭的昆虫附近，而被杀虫剂所害，那么没人会对此提出抗议。

那些希望公正裁决野生动物受害这一事实的居民如今正处于两难的境地。现在存在两种观点，一种是保护者和研究野生动物的专家的观点，他们认为，喷洒杀虫剂损失重大，甚至灾难重重。另一种是控制机关的观点，他们坚决否认喷洒杀虫剂会造成什么伤害，即便有些伤害也无关紧要。哪种观点是正确的呢？

　　这必须讲究证据确凿。野生动物专家当然最有资格对野生动物是否遭到危害做出评判。但对于这一问题，专门研究昆虫的昆虫学家却搞不清楚，他们并不希望看到自己的控制计划所造成的不良影响。当然，不希望看到这一结果的，还有那些在州和联邦政府中从事控制的人，以及化学药物的制造者。对于生物学家报道的事实，他们坚决否认，并宣称对野生动物的伤害实际上非常轻微。持有这两种观点的双方就像《圣经》故事中的牧师和利未人一样，由于彼此关系不善而老死不相往来。即使我们大方地将他们的否认解释为目光短浅和利益关联，但这决不代表着我们承认他们言之有据。

　　查阅一些重要的控制计划的资料，并请教那些熟悉野生动物生活方式而且能够客观看待使用化学药物的见证人，问问他们当毒药像雨一样从天而降后究竟发生了什么，是形成我们自己的观点的最佳方法。对于鸟类观察者，对于喜欢自己花园中鸟儿的郊外居民、猎人、渔夫，或者那些荒野探险者来说，任何一个对当地野生动物造成破坏的因素都将夺走他们享受欢乐的权利。这个诉求是正当的。正如经常发生的那样，虽然一些鸟类、哺乳动物和鱼类在喷洒一次化学药物之后仍能重新生长起来，但真正的巨大危害已经形成了。

　　不过，能够重新生长起来并非易事。因为，喷药行为总是反复进行的，很难给野生动物留下恢复的机会。喷洒化学药物的结果一般是污染了环境，这是一个致命陷阱，不仅原来的生物在里面死去了，而且那些迁移来的也将遭遇同样的厄运。喷洒的面积越大，危险性就越强。因为安全的绿洲已经消失了。现在，以防治昆虫计划为标志的 10 年中，成千上万英亩甚至几百万英亩土地都被喷了药；在这 10 年中，私人及社区喷药行为也越来越频繁，美国野生动物受伤和死亡的记录也与日俱增。让我们来了解一下这些计划，看看已经发生了什么事情吧。

　　1959 年秋季，密歇根州东南部，包括底特律郊区的 27 000 多英亩的土地被高空喷洒了艾氏剂——一种最危险的高剂量的氯化烃药粉。密歇根州的农

业部和美国国家农业部联合执行了这个计划，目的是防治日本甲虫。

其实，这个激烈、危险的行动并没有多少必须执行的必要。与之相反，该州一位最有名、最具学识的博物学家沃尔特·P.尼克尔表示了不同看法。他在密歇根州南部待了很多年，几乎每年夏季都会花很多时间待在田野里。他宣称："30多年来，以我的亲身经验来看，底特律城的日本甲虫数量并不多。随着时间的增长，日本甲虫的数量也并未明显增长。1959年，除了在底特律的捕虫器中我曾看到过几只日本甲虫外，在自然环境中我只仅看到过一只……任何事情都是秘密进行的，我没有得到一点儿关于昆虫数目增加的信息。"

该州政府部门的官方消息称，这种甲虫已经在进行空中喷药的指定区域"出现"了。尽管没有充分的理由，人们还是执行了这项计划。对于这项计划，该州政府提供人力并对执行情况进行监督，联邦政府为之提供设备和补充人员，购买杀虫剂的费用则由各乡镇承担。

日本甲虫是被意外引进美国的昆虫。1916年，人们在新泽西州首次发现它。当时，人们在利夫顿市附近的一个苗圃内发现了一些带有金属光泽的绿色甲虫。起初，人们不认识这些甲虫，后来才确认它们来自日本岛。很显然，这些甲虫是在1912年限制条例实施之前，随着苗圃进口而进入美国的。

随后，日本甲虫从新泽西州逐步扩散到密西西比河以东的许多州，因为那里的温度和降雨条件适合甲虫生存。每年，甲虫的分布范围都会向外延展。在甲虫生存了很长时间的东部地区，人们一直在努力尝试自然控制。诸多记录显示，实行了自然控制的地区，甲虫数量已经基本维持在一个相对较低的水平了。

尽管东部地区拥有合理控制甲虫的经验，但中西部各州已经对扩展而来的甲虫发起了攻击，这种攻击足以消灭最强大的敌人，而不只是普通的虫子。人们使用最危险的化学药物来消灭甲虫，却没想到使大量的人、家畜和野生动物遭受毒害。结果，消灭日本甲虫的计划致使大量动物丧命，也给人类自身带来不可否认的危险。打着消灭甲虫的旗号，密歇根州、肯塔基州、爱荷华州、印第安纳州、伊利诺伊州和密苏里州的很多地区都被喷洒了化学药物。

密歇根州的喷药行动是针对日本甲虫进行的第一次大规模的空中袭击。这一次，人们选用的是毒性最强的艾氏剂。艾氏剂并非是控制日本甲虫的最佳药物，却是可用化学药物中最廉价的一种。官方发行的出版物，一方面承认艾氏剂有毒，另一方面又暗示它不会在人口稠密的地区造成什么危害（针对"我应该采取什么措施来预防？"这个问题的官方回答是："对你来说，用不着。"）。联邦航空公司的一位负责人曾说："这是一次安全的行动。"底特律一位公园及娱乐部的代表进一步做出保证："这种药物对人没什么危害，对植物和动物来说，也是如此。"所有人都能想象得到，这些人中没有一个查阅过美国公共卫生局、美国鱼类及野生动物管理局曾经发表的相当有价值的报告，也没有查阅过艾氏剂毒性的相关资料。

根据密歇根州防治害虫的相关法律，州政府无须通知或征得土地所有人的同意，就可以进行喷药。于是，低空飞机开始毫无顾忌地在底特律地区作业。居民们担忧的呼声很快就充斥着城市执政当局及联邦航空公司，警察在一个小时内就接到了近800个质问电话。所以，警察局请求广播电台、电视台和报纸以底特律新闻报道的方式告知广大观众，他们现在所见到的情况是怎么一回事，并且对他们说，"这一切都安全无害的"。联邦航空公司的安全员对公众保证，"这些飞机处于严格的监控之下"，并且"低飞是事先经过批准的"。为了平息公众的恐慌，这位安全员又画蛇添足地补充说："飞机上设有紧急阀门，随时可以将装载物全部倾倒出来。"谢天谢地，总算没有这么干。但是，飞机在执行任务时，杀虫剂像下雨一样降落下来，不仅不加区别地落在昆虫身上，也落到正在买东西或去上班的人身上，还落到那些从学校放学回家吃午饭的孩子们身上。家庭妇女扫去了门廊和人行道上那些"看上去像雪一样"的药物颗粒。正如之后密歇根州的奥杜邦学会指出的那样："屋顶的瓦隙里、屋檐下的排水槽中，以及树皮和树枝的裂缝中，到处都是艾氏

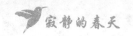

剂和黏土混合而成的白色小颗粒。它们还没有一个针眼儿大，但成百万地降落到地面时，每个水坑里的水都成了致命的毒剂。"

喷洒过药粉几天后，底特律奥杜邦学会就收到了保护鸟类的相关申请。据奥杜邦学会秘书安妮·博伊斯女士回忆："在星期天的早上，我接到一个妇女打来的电话，她说她在从教堂回家的路上，看到了很多已经死去的以及奄奄一息的鸟儿。这说明人们已经开始关注喷药的后果了。她说，星期四喷药之后，她在这个区域再也没有见过飞翔的鸟儿了。后来，她在她家后院发现了一只死鸟，邻居也发现了死掉的田鼠。"那天，博伊斯女士接到的所有电话都在报告："很多鸟儿都死了，没有看到一只活的鸟儿……"那些被捡起的垂死的鸟儿表现出的症状是典型的中毒迹象：战栗，不能飞翔，瘫痪，抽搐。

受到直接影响的不止鸟类。一个当地的兽医说，他的办公室被求医者挤爆了，很多人带着突然病倒的小狗和小猫来找他。小猫经常会精心梳理自己的皮毛，舔舐自己的爪子，所以中毒也最严重。它们表现的症状是严重的腹泻、呕吐和抽搐。兽医对此束手无策，只能建议这些求医者尽量不要让它们外出，假若出去了，一定要尽快清洗它们的爪子。当然，这种保护措施很有局限性，因为水果或蔬菜中的氯化氢都是洗不掉的。

尽管城镇卫生委员极力否认，称这些鸟儿一定是被"其他药物"毒害的，尽管他们坚持认为，由喷洒艾氏剂引发的喉咙炎和胸部刺激也一定是"其他原因"所致，但对当地卫生部门的控诉还是接踵而至。

一位底特律著名的内科大夫被请去给四位病人看病。当飞机撒药时，他们都在地上观看，结果不到一小时就病倒了。这些病人症状类似：恶心，呕吐，畏冷，发热，极度疲乏，还伴有咳嗽。

由于人们一直希望通过化学药物来控制日本甲虫，所以底特律的防治经验一直在其他地方复制。在伊利诺伊州的蓝岛镇，人们捡到了几百只死去的和垂死的鸟儿。为鸟儿做标记的人收集的数据表明，该镇的鸟类已经死亡了80%。1959年，人们对伊利诺伊州朱丽叶市的3 000多英亩土地喷洒了七氯。

从当地一个运动员俱乐部的报告来看，凡是喷洒过七氯的地方，那里的鸟儿"实际上已被消灭殆尽"。同样，大量的兔子、麝鼠、负鼠和鱼也已经死去，当地的一个学校甚至设立了一项科学活动，专门收集被杀虫剂毒死的鸟儿。

为了创造一个没有甲虫的世界，所有城镇都付出了惨重的代价，而伊利诺伊州东部的谢尔顿和易洛魁地区付出的代价尤为惨重。1954年，美国农业部联合伊利诺伊州农业部沿着甲虫入侵伊利诺伊州的路线，开展了大规模的扑灭运动，人们对通过广泛的喷药消灭入侵的甲虫满怀信心。在进行第一次扑灭运动的那年，1 400英亩的土地上都被高空喷洒了狄氏剂。1955年，余下的2 600英亩土地也同样被喷药。当时，人们认为这一任务完成得很圆满。随后，越来越多的地方都使用了这样的方法，到1961年末，喷洒狄氏剂的土地已达到131 000英亩。即使在"扑灭运动"的第一年就出现了野生动物和家禽中毒的事件，喷药行为依然在继续着，既没有跟美国鱼类及野生动物管理局商量，也未征得伊利诺伊州狩猎管理局同意。

化学防治的资金总是源源不断，而与之相反，伊利诺伊州自然历史调查所的那些生物学家想要检测化学药物对野生动物的危害，却不得不在资金严重匮乏的情况下开展工作。1954年，他们只有1 100美元，只能雇用一名野外助手；而1955年，他们根本没有此项资金。尽管面临着工作无法开展的困难，生物学家们还是攻坚克难，证实了野生动物被空前毁坏的情况——一旦计划付诸实施，这种毁坏就非常明显地表现出来。

导致以昆虫为食的鸟类中毒的原因，不仅与使用了哪种化学药物有关，还与化学药物的使用方式有关。在谢尔顿扑灭运动的早期，狄氏剂是按照每英亩3磅的配比来喷洒的。实验室里对鹌鹑所做的实验表明，狄氏剂的毒性是DDT的50倍。也就是说，人们相当于在谢尔顿的土地上每英亩喷洒了150磅的DDT！当然，这还只是最小值，因为在喷洒药物时，对农田的边沿和角落进行了重复喷洒。

当化学药物进入土壤后，中毒甲虫的幼虫爬到地面上，不久就死去了。

对于以昆虫为食的鸟儿来说，这些幼虫极具诱惑力。在用药两周内，有大量的各种各样的昆虫已经死去或即将死去，所以鸟儿所受的影响可想而知了。褐色长尾莺、燕八哥、野云雀、白头翁和野鸡几乎全被消灭了。据生物学家报告称，知更鸟"几乎全军覆没"了。一场雨过后，地面上随处可见死去的蚯蚓，知更鸟很可能是吃了这些有毒的蚯蚓才遭殃的。同样地，对于其他鸟类而言，毒药邪恶的力量已经从曾经"有益"的降雨变成了致命的毒药。喷药几天后，在雨水坑里喝过水和洗过澡的鸟儿都无一幸免，而活下来的鸟儿也是奄奄待毙。虽然，人们在喷洒过药物的地区发现了几个鸟窝，但窝里只有几个鸟蛋，没有孵出一只小鸟。

哺乳动物怎么样了呢？松鼠实际上已经灭绝了。它们的尸体呈现出中毒暴毙的特征。在喷洒过化学药物的地方，人们发现了死去的麝鼠、死去的兔子。就连城镇里较为常见的动物——狐鼠，也在喷洒药物后消失无踪了。

发动对甲虫的攻击战之后，如果能在萨尔顿地区的某个农场看到一只猫，那就算一件顶稀罕的事儿了。因为喷洒药物后的三个月里，农场90%的猫都成了狄氏剂的受害者。本来这样的后果是能够预料到的，因为在其他地区类似沉痛的案例并不少见。猫是一种对杀虫剂很敏感的动物，尤其是对狄氏剂。据报道，世界卫生组织曾在爪哇西部组织过抗疟行动，这一行动曾杀死了许多猫。而在爪哇中部，死亡的猫就更多了，致使一只猫的价格翻了一番。同样地，在委内瑞拉喷洒药物时，世界卫生组织收到的一篇报告称，猫的数量已经骤减，其已经变成一种稀有动物了。

在萨尔顿扑灭昆虫的运动中，野生动物和家畜都遭殃了。人们观察了几群野生的羊和牛，发现它们已经或中毒或死亡，而家禽也面临着同样的威胁。自然历史调查所的报告记载了一个这样的案例：

> 5月6日，一群羊穿过一条沙砾路，从一片喷洒过狄氏剂的草地被赶到另一片没有喷过药的、绿草茂盛的小牧场上。不难猜测，一些药物越

过了小路落到了小牧场上，因为那里的羊群很快就出现了中毒的症状……它们食欲不振，焦躁不安，沿着牧场篱笆转来转去，想找到一条出去的路……它们站在篱笆旁不肯离开，耷拉着头一直叫着。最后，它们被带出了牧场……它们极度想喝水。在穿过牧场的小溪中，人们发现了两只死羊。人们多次将其余的羊赶出那条小溪，有几只羊甚至是人们从溪水中拉出来的。最后，还是有三只羊死了，而剩下的则慢慢恢复了。

这就是1955年年底发生的事情。虽然化学战争持续了很多年，但研究经费早就没有了。自然历史调查所申请的野生动物与杀虫剂关系研究的经费，往往在年度预算计划中被早早驳回了。直到1960年，一个野外工作助手的工资才拿到手，而他一个人付出的劳动相当于4个人的工作量。

当生物学家重新继续1955年中断的研究时，所面临的依旧是野生动物遭受毁灭的荒凉景象。这时候，所用的化学药物是艾氏剂，毒性已经远远升级。鹌鹑实验显示，艾氏剂的毒性是DDT的100至300倍。1960年时，在这个区域中栖居的所有野生哺乳动物都遭受到危害，尤其是鸟类。在唐纳文镇，知更鸟、白头翁、燕八哥、长尾莺已经灭绝了。而在其他地方，上述鸟类和其他鸟类的数量都骤减了。打野鸡的猎人最能深刻地感受到扑灭甲虫这一战役的严重后果。在喷洒过药物的土地上，鸟窝的数量几乎减少了一半，每个鸟窝中孵出的幼鸟数量也减少了。前几年，这里是打野鸡的好去处，如今由于没有野鸡可打，变得无人问津了。

人们打着扑灭日本甲虫的旗号，8年间在易洛魁县对100 000多英亩土地喷洒药物，结果却仅仅暂时控制了这种昆虫的增长。日本甲虫还在继续向西扩展，我们可能永远不会知道这个收效甚微的计划花了多少钱、波及的范围有多广，因为伊利诺伊州的生物学家给出的结果只是一个最小值。如果研究计划有充足的经费，而全面报道又被允许的话，那么所揭露出来的真实情况将更加惊人。但在执行研究计划的8年中，生物学野外研究的经费仅有6 000

美元。而昆虫控制的经费呢，联邦政府的花费却高达375 000美元，而且州政府也花费了几千美元。这样算来，研究经费的总额仅仅是化学药物控制计划的1%，不过是个零头而已。

中西部的喷药计划一直在紧锣密鼓地进行，仿佛甲虫的蔓延已经将人们带入了一种极端危险的境地，为击退它们可以不顾一切。其实，实际情况并非如此。如果那些正遭受化学药物侵害的村镇了解日本甲虫早期在美国发生了什么的话，肯定不会默许眼前这种情况的发生。

东部各州比较幸运，甲虫入侵发生在人工合成杀虫剂发明之前，它们不仅成功地控制了虫灾，采用的控制手段对其他生物也没有什么危害。在东部各州中，像底特律和萨尔顿那样喷洒药物的州是没有的。它们采用的有效方法主要是发挥自然控制的作用，具有永久性和不危害环境的优点。

在日本甲虫初到美国的10多年中，它们因为失去了天敌而迅速繁殖起来。但到了1945年，日本甲虫已经在它们所在的地区变成了一种一般的害虫了。因为从远东引入的寄生虫能产生使甲虫致病的病原体，从而使甲虫数量减少。

1920年到1933年，在对日本甲虫原生地做了广泛而仔细的调查后，34种捕食性昆虫和寄生性昆虫被引入美国，以对日本甲虫实现自然控制。现在，有5种昆虫已在美国东部很好地生存了下来。效果最显著、分布范围最广的要数来自朝鲜和中国的一种寄生性黄蜂。当一只雌蜂发现了土壤中的一只日本甲虫幼虫时，它会注射一种使甲虫幼虫全身麻痹的液体，同时在幼虫的体内产下一个卵。当蜂卵孵成幼虫时，这只黄蜂幼虫就会将全身麻痹的甲虫幼虫吃掉，直到把它吃光。按照州与联邦机构的联合计划，这种黄蜂在大约25年中被引进东部的14个州。如今，黄蜂已经在这些地方定居，它们因为在控制甲虫方面的重要作用，被昆虫学家们普遍地信任。

与黄蜂相比，一种细菌引发的疾病作用更为重要，这种疾病能对日本甲虫所属的金龟子科甲虫产生重要的影响。这种细菌非常特殊，它不会侵害其他类型的昆虫，对蚯蚓、热血动物和植物均没有影响。这种细菌的孢子生长于土壤中，当它被觅食的甲虫幼虫吞食后，它们就会在幼虫体内迅速繁殖起来，使其变成异常的白色，因此被称作"乳白病"。

乳白病是1933年在新泽西首次发现的，到了1938年，这种疾病在日本甲虫侵袭的地区已经较为常见了。1939年，为了迅速扩散这种疾病，政府开展了一项控制计划。当时，还没有研究出一种能加速该疾病传播的人工方法来，但人们想到了一个不错的取代办法：将受到细菌感染的虫干燥、磨碎，并与白灰混合。按标准，1克混合物中含有100 000 000个孢子。1939年至1953年间，按照联邦与州的联合计划，东部14个州约94 000英亩土地都用这种方法处理过。另外，联邦的其他地区，以及一些人们不知道的广阔区域也被私人组织或个人进行了这样的处理。到了1945年，康涅狄格州、纽约州、新泽西州、特拉华州和马里兰州的甲虫都开始流行起乳白病了。在一些实验地区，受感染的甲虫幼虫高达94%。1953年，这项政府名义的扩散事业中止，转由一个私人实验室承接。该实验室继续为个人、公园俱乐部、居民协会以及其他需要控制甲虫的人提供帮助。

现在，实行了这项计划的东部各州可以高枕无忧了，因为这种细菌在土壤中可以存活很多年，靠着它们的自然控制就可以了。由于效力的不断强化，加上持续被自然传播，这种细菌已按预期永远地在那里站稳了脚跟。

但是，为什么东部地区那些让人印象深刻的成功经验，不能在当下正狂热喷洒药物，以扑灭甲虫的伊利诺伊州和其他中西部各州推行呢？有人说，用乳白病细菌"太昂贵"了。可是在20世纪40年代，东部的14个州并没有人这样认为。而且，这个"太昂贵"的结论是通过什么样的计算方法得来的呢？这明显不是根据诸如萨尔顿喷药计划所造成的那种毁灭性的损失来估计的。这个结论也没有考虑到这一事实——用细菌接种仅需一次即可，费用也是一次性的。

也有人说，在日本甲虫分布较少的地区不能使用乳白病细菌，因为只有

当土壤中大量存在甲虫幼虫时，乳白病细菌的孢子才能存活。就像那些支持喷洒化学药物的声明一样，这种说法也值得怀疑。研究发现，乳白病细菌可以对至少40种其他种类的甲虫起作用。这些甲虫分布范围很广，就算某一地区日本甲虫数量很少或几乎没有，该细菌照样能靠传播甲虫疾病存活。除此之外，孢子具有在土壤中长期生存的能力，即便没有甲虫幼虫，它们也完全可以继续在土壤等待时机，就像目前甲虫分布的边缘地区一样。

毫无疑问，那些不计代价、希望立刻收效的人将会一如既往地使用化学药物来消灭甲虫。同样地，一些醉心于品牌药物的人，愿意反复花钱喷药，这样一来，使用化学药物消灭昆虫的工作就能常年存在了。

相反地，那些愿意耐心等待一两个季度，从而获得满意结果的人将采用乳白病细菌。他们将会彻底地控制甲虫，并且这个控制结果不会因为时间增长而逐渐失效。

伊利诺伊州皮奥利亚的美国农业部实验室正在进行一项研究，目的是找出乳白病细菌的人工培养方法。如果这项研究取得成功，使用乳白病细菌的成本将大大降低，并推进它的广泛使用。经过数年的研究，科学家目前已取得一些成果。日本甲虫的极端猖獗一度是中西部化学控制计划的噩梦，当这个"突破"性成果完全实现时，我们可能会更加理智地、具有长远性眼光地对付日本甲虫。

诸如伊利诺伊州东部喷洒化学药物这类事件引发了一个不仅是科学上的，更是道义上的问题，那就是，是否任何文明都可以对其他生命发动无情的战争，与此同时，既不毁掉自己，也不失掉"文明"应有的尊严。

这些杀虫剂的毒性不具有选择性，它们不会只杀死那些我们希望消灭的某种昆虫。任何一种杀虫剂的使用，都只是基于一个简单的理由之上，即它是一种毒药，可以杀死所有与之接触的生物，包括家养的猫狗、农民的牲畜、田野上的兔子和高空中飞翔的云雀。这些生物本身对人没有一点儿危害，反而正是由于它们及其族群的存在，人类的生活才变得丰富多彩。可是，人们用来酬谢它们的却是突如其来的、令人恐惧的死亡。谢尔顿的科学观察者们曾这样描述一只垂死的草地鹨①："它侧躺在地上，无法很好地协调肌肉的能力，不能飞翔也不能站立，但它不停地拍打双翅，紧紧地收起爪子。它张着嘴巴，艰难地呼吸着。"奄奄一息的田鼠更为可怜，它"表现出了死亡即将来临的模样，它的背已经弯曲了，握紧的前爪收缩在胸前……它的头和脖子往外伸，嘴里都是脏东西，不禁让人联想到这个奄奄一息的小动物曾经啃咬土地的样子"。

我们竟能默许这种活生生折磨其他生命的行为，作为人类，难道我们的品格不曾降低吗？

---

①草地鹨（liù）：一种小型鸣禽，嘴细长，体长约15厘米，体型较纤细，适于在地面行走。

第八章　鸟儿的歌声消失了

名师批注：开篇直接点题"鸟儿的歌声消失了"，同时也指出没有鸟儿报春就只剩下寂静了，这与本书题目相扣。

如今，美国越来越多的地方都没有了鸟儿飞回来报春的画面；清早起床，再也听不到原来那随处可闻的鸟儿美妙的歌声了，只有异常的寂静。鸟儿突然沉寂，人们也常常忽视它们带给我们这个世界的美丽色彩和乐趣，以至于它们都销声匿迹了。

一位伊利诺伊州欣斯代尔镇的家庭妇女绝望地给美国自然历史博物馆鸟类馆名誉馆长、世界著名鸟类学者罗伯特·库什曼·墨菲写信称：

名师批注：用真实事件控诉DDT的危害极大，导致很多物种的消失，更具说服力。

在这几年中，我们村子一直给榆树喷药（这封信写于1958年）。6年前我们刚搬到这儿时，这里的鸟儿非常多，于是我就开始饲养鸟类。冬季，红雀、山雀、绒毛鸟和五子雀会陆陆续续地来这里觅食；而到了夏季，红雀和山雀还会带着它们的小鸟飞回来。

使用了几年DDT以后，知更鸟和燕八哥几乎在这个城镇绝迹了；两年来，我家的饲鸟架上也看不到山雀的影子了；今年，红雀也消失了；在附近留下筑巢的只有一对鸽子了，可能还有一窝猫鹊。

鸟类是受联邦法律保护的，这点孩子们在学校学习的时候就知道了。所以，当他们问我，"鸟儿们还会回来吗？"的时候，我就不太好向孩子们说，鸟儿已经被害死了。孩子依然会问这个问题，而我却不知道怎么回答。榆树正在死去，鸟儿的命运也一样。政府是否正在采取什么措施？会采取些什么措施呢？我能做点什么呢？

联邦政府为了扑灭火蚁①，曾执行了一项庞大喷药计划。之后的一年里，亚拉巴马州的一位妇女写道："大半个世纪以来，我们这个地方一直是鸟类的天堂，去年7月，更多的鸟儿来到了这里。可是，就在8月的第2周，所有鸟儿突然间都不见了。我习惯每天早起喂我心爱的母马，可是一丝鸟叫的声息都听不到，这种情景既怪异又令人不安。人们究竟对我们美好的世界都做了什么？直到5个月以后，附近才出现了一种蓝冠鸟和鹪鹩。"

这位女士在信中讲述的事情发生在秋天，而在那个秋天，我们又收到了一些来自美国南部的密西西比州、路易斯安那州及亚拉巴马州的严峻报告。由国家奥杜邦学会和美国鱼类及野生动物管理局共同出版的季刊《野

名师批注：鸟儿不断消失，再也听不到鸟叫声，这是多么的可悲与可怕，我们这个美好的世界还会回来吗？

————————
①火蚁：原产于南美洲，被其蜇伤后会出现火灼感，为破坏力极
　强的入侵生物之一。

外笔记》提到，上述诸州出现了鸟类全部消失的可怕现象。《野外笔记》是由一些经验丰富的观察者们所写的报告编辑而成，这些观察者在特定地区的野外花费多年时间调查，他们对这些地区的鸟类正常生活状况具有无比丰富的知识。一位观察家在报告中写道，那年秋天，他开车在密西西比州南部行驶时，很长的一段路程中没有看到任何鸟儿出现。另一位在巴顿鲁日的观察家在报告中称，几个星期始终没有鸟儿来吃她放置的食物；以前这个时候，她院子里的灌木早就被鸟类啄食得光秃秃了，但现在枝头却浆果累累。另外一份报告说，他家的落地窗前"以前经常会有40或50只红雀和一大群其他鸟儿，而现在就连一两只鸟儿都很难看到"。西维吉尼亚大学的教授、阿巴拉契亚地区的鸟类权威摩里斯·布鲁克斯报告说："西维吉尼亚鸟类锐减的速度令人难以置信。"

这里还有一个故事，人们可以从中窥探鸟儿悲惨的命运。其中一些鸟类已经被这种残酷的命运征服，其他一切的鸟类也面临着此种威胁。这个故事就是大家都知道的知更鸟的故事。对于千千万万的美国人来说：第一只知更鸟的出现意味着冬天冰封的河流开始解冻。知更鸟到来的消息经常会在报纸上报道，也是大家吃饭时的趣谈。随着它们的到来，森林开始变得郁郁葱葱，人们可以在清晨听到知更鸟合唱的第一支乐曲。但是如今，一切都变了，甚至鸟儿飞回来也成了罕见的事了。

知更鸟，以及其他许多鸟儿的生存都与榆树密切相关。从大西洋岸到落基山脉，这种榆树是上千城镇历史

名师批注：知更鸟的故事可以说明鸟儿们面临着生命的威胁，有着悲惨的命运。

的一个组成部分，它们用庄重的绿色装点了街道、村庄和校园。现在，这种榆树患上了疾病，并且病情遍及所有榆树生长的区域。病情很严重，专家们称无论怎样竭力救治，都将是徒劳无益的。失去榆树让人觉得可悲，但是在救治榆树的徒劳过程中，如果我们把绝大部分鸟儿也置于险境，那将是更加惨痛的结局。然而，这正是目前威胁着我们的噩梦。

所谓的荷兰榆树病是在大约1930年时，从欧洲进口镶板工业用的榆木时被引入美国的。这是一种菌类疾病。这种细菌进入榆树的输水导管后，它的孢子可以通过树中汁液的流动扩散开来，并分泌有毒物质，这种有毒物质会阻断营养物质传递，从而使树枝枯萎，继而使榆树死去。在一棵树生病后，该树上的榆树皮甲虫会将病菌传播到其他健康的榆树上。所以，控制这种疾病很大程度上要靠控制榆树皮甲虫来实现。于是，在美国很多地方，尤其是榆树集中生长的中西部和新英格兰州，那里几乎所有的村庄都大规模地喷洒了农药。

这对鸟类而言，尤其是知更鸟，意味着什么呢？第一次清晰回答这个问题的是密歇根州的大学教授乔治·华莱士和他的学生约翰·迈纳。1954年，迈纳先生开始攻读博士学位，他选择了与知更鸟有关的研究课题。这完全是一个巧合，因为那个时候没有人认为知更鸟面临着危险。但是，当他开始深入研究时，发生了一件事情，这件事使他要研究的课题的性质发生了变化，同时也剥夺了他的研究对象。

1954年，为了控制荷兰榆树病，喷药行动在大学校

名师批注：人们的出发点是好的，却没有意识到"善举"正酿成恶果。为了救治患上疾病的榆树，而使绝大部分知更鸟陷入险境，最后不仅失去榆树还失去知更鸟，真是悲痛的结局。

园里开始小范围内进行。第二年，校园的喷药行动扩大至该校所在的整个东兰辛市。同时，该地对舞毒蛾①和蚊子的消灭计划也在进行中。化学药物已经到了倾盆而下的程度了。

在1954年，也就是小范围喷药的第一年，一切看起来很顺利。第二年春天，知更鸟像往年一样返回校园。正如汤姆林森的散文《失去的树林》中的圆叶风铃草一样，当它们重返熟悉的地方时，它们没有"料到会发生什么不幸"。但是，问题很快出现了。已经死去的和奄奄一息的知更鸟频现校园，以前鸟儿经常觅食和群集栖息的地方几乎没什么鸟儿了。没有新筑的鸟窝，也没有幼鸟孵出。在接下来的几个春天里，这种情况重复出现。喷药的区域已变成致命陷阱，只需一周时间，一批迁徙而来的知更鸟就会被这个陷阱吞噬。接着，新来的鸟儿再次落入陷阱中，注定要死亡的鸟儿数量不断上升。在校园中，可以看到这些逃不出死亡命运的鸟儿在做垂死挣扎。

华莱士教授说："对于大部分想在春天找到栖息之所的知更鸟来说，校园成了它们的坟墓。"然而，为什么会这样呢？起初，他怀疑鸟儿神经系统产生了疾病，但很快事情就水落石出了。"尽管那些使用杀虫剂的人信誓旦旦地保证说他们喷洒的药物对'鸟类无害'，但那些知更鸟确实因为杀虫剂中毒而死亡，它们表现出典型的中毒症状：失去平衡、颤抖、抽搐、死亡。"

一些事实表明，知更鸟死亡并非因为直接接触了杀

名师批注：一周所喷的农药就会对知更鸟产生巨大的危害，鸟儿只能垂死挣扎，真是"致命陷阱"，让人心惊。

①舞毒蛾：其幼虫又名秋千毛虫、苹果毒蛾、柿毛虫，会严重危害树木叶片，几周内可吃光全树的叶片。

虫剂，而是因为食用了蚯蚓而间接中毒。人们偶然用在校园里捉到的蚯蚓喂食蝾螈，结果所有的蝾螈很快都死掉了。养在实验室笼子里的一条蛇吃了蚯蚓后，立刻剧烈地扭动起来。然而，蚯蚓正是知更鸟春季的主要食物。

很快，位于厄巴纳市的伊利诺伊州自然历史调查所的罗伊·巴克博士就找到了知更鸟死亡之谜的答案。他的著作发表于1958年，这本著作论述了各个事件错综复杂的关系——由于蚯蚓的作用，知更鸟的命运与榆树联系在一起。春天时，人们对榆树喷洒了药。一般而言，剂量是50英尺高的一棵树使用2至5磅DDT，相当于在榆树茂密的地区每英亩使用23磅DDT。到了7月份，还会以一半的剂量再追加一次喷药。<u>强力的喷药枪对准树木喷射出一条条剧毒的水龙，它不仅直接杀死了既定目标——榆树皮甲虫，也杀死了其他昆虫，包括授粉的昆虫，以及蜘蛛、甲虫等捕食性昆虫。</u>毒药密密地覆盖在树叶和树皮上，就连雨水也冲不走。秋天，树叶落地，堆积成潮湿的一层，开始逐渐转化为土壤的一部分。在这个过程中，蚯蚓帮了大忙，因为它们喜欢吃榆树叶子。在吃掉这些叶子时，蚯蚓也同样吞下了杀虫剂，并在体内不断积累和浓缩。巴克博士在蚯蚓的消化道、血管、神经和体壁中都发现了DDT的沉积物。毫无疑问，一些抵抗不住毒药的蚯蚓死去了，而其他活下来的则变成了毒素的"生物放大器"。春天，当知更鸟飞来时，这个循环中又加了另一个环节。只要11只大个头儿的蚯蚓就可以给知更鸟提供DDT的致死剂量。而11只蚯蚓

名师批注："一条条剧毒的水龙"使活下来的蚯蚓变成了毒素的"生物放大器"，知更鸟就是因此丧命或者不孕，从而走向了灭绝。

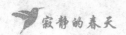

不过是一只鸟儿一天食量的一小部分，一只鸟儿十几分钟就可以吃掉10到12只蚯蚓。

并非所有的知更鸟都摄入了致死剂量的毒药，但另一种后果像毒药一样不可避免地导致了它们的灭绝，那就是不孕。这个巨大的阴影笼罩着所有的鸟儿，并且已蔓延到所有的生物。如今，在密歇根州立大学占地185英亩的广阔校园里，每年春天只能发现二三十只知更鸟，而在喷药前，这里的鸟儿粗略估计也有370只。1954年时，迈纳所观察的每一个知更鸟鸟巢中都有幼鸟孵出。如果没有喷药，那么到了1957年6月底，应该至少有370只成年的鸟出现在校园里，可是现在迈纳仅仅发现了1只知更鸟。一年后，华莱士教授在报告中称："在1958年的春季和夏季，我在校园任何一个角落都没有看见过一个长毛的知更鸟，而且也从未听谁说看见过一只知更鸟。"

当然，没有幼鸟出生部分是因为在完成筑巢之前，一对知更鸟中的其中一只或两只就已经死了。但是华莱士揭示了一个更加凶险的事实，即鸟儿的繁殖能力已经遭到破坏。例如，他记录说"知更鸟和其他鸟类筑巢之后却没有下蛋，即使下了蛋也没有孵出小鸟来。我们观察到一只知更鸟，它满怀信心地伏窝21天，却没有孵出小鸟来。而正常的伏窝时间一般只需13天……经过分析，我们发现伏窝的鸟儿的睾丸和卵巢中含有浓度很高的DDT"。1960年，华莱士把这种情况报告了国会，他说："10只雄鸟的睾丸中DDT的含量可达30PPM至109PPM，而两只雌鸟卵巢的卵滤泡中的DDT含量可达

名师批注："370只"与"1只"形成强烈对比，说明"知更鸟正在逐年减少"，再也没人见过知更鸟，这让人心痛和悲哀。

151PPM 至 211PPM。"

随后，对其他区域的研究出现了令人担忧的结果。威斯康星大学的约瑟夫·希基教授和他的学生们仔细比较研究了喷药区和未喷药区之后，报告说：知更鸟的死亡率在86%至88%之间。位于密歇根州百花山旁的克兰布鲁克研究所，曾试图弄清鸟类因为榆树喷药而遭受损害的程度。1956年，该研究所要求把所有被认为死于DDT的鸟儿都送来进行化验分析。这一要求得到了出人意料的响应：在几周之内，研究所里长期搁置的仪器一直在超负荷工作，以至于不得不停止接受其他样品。<u>1959年，仅一个村镇就送来了1 000只中毒死亡的鸟儿。虽然受害者主要是知更鸟（一个妇女打电话告诉研究所说，在她打电话的时候已经有12只知更鸟死在了她家的草坪上），但63种其他种类的鸟儿也在被化验分析之列。知更鸟仅是榆树喷药计划破坏性连锁反应中的一环，而榆树喷药计划又仅仅是各类喷药计划中的其中一个。约90多种鸟儿正在大量死亡，其中包括郊区居民和自然爱好者最熟悉的种类。在很多喷过药的城镇，筑巢鸟儿的数量几乎减少了90%。</u>正如我们所知，各个种类的鸟儿都受到了影响——在地面觅食的鸟儿、树梢上觅食的鸟儿、树皮上觅食的鸟儿以及各种猛禽。

完全可以想象，以蚯蚓和其他土壤生物为食的所有鸟儿和哺乳动物，都遭遇了和知更鸟一样的命运。据统计，约有45种鸟儿都以蚯蚓为食，山鹬是其中之一，这种鸟儿一直在近来喷洒了七氯的区域内过冬。现在，人们在山鹬身上获得了两个重要发现。一是，在新布伦斯

名师批注："一个村镇"有"1 000只"中毒死亡的鸟儿，约"90多种"鸟儿正在死亡，筑巢鸟儿减少了"90%"，这些数字都在说明，因为DDT的毒性而导致了鸟儿的减少和死亡，表现了DDT的危害巨大。

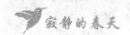
维克孵育场中，幼鸟数量明显减少了；二是，人们对已成年的鸟儿化验分析，发现它们的体内含有大量DDT和七氯毒素。

已经有报道说，20多种在地面觅食的鸟类已经大量死亡。它们的食物——蠕虫、蚁、蛆虫或其他土壤生物在被鸟类吃掉前已经中毒了。其中包括3种画眉——绿背鸟、黄褐森鸫和隐居鸫，它们拥有最优美动听的歌喉。还有那些轻轻掠过森林茂密灌丛、沙沙地在落叶中觅食的麻雀——歌雀和白颔鸟，都成了榆树喷药计划的受害者。

同样，容易直接或间接卷入这一连锁反应中的还有哺乳动物。蚯蚓是浣熊的主要食物，袋鼠在春秋季节也常以蚯蚓为食，而诸如地鼠和鼹鼠一类的地下掘洞者也常捕食蚯蚓。然后，毒物可能又通过这些哺乳动物传递给鸣角枭和仓枭这类猛禽。在威斯康星州，人们发现了几只死去的枭，它们可能是因为吃了蚯蚓中毒死亡的。人们还发现过一些鹰和猫头鹰处于抽搐状态，其中包括大角鹰、鸣角枭、赤肩鹰、雀鹰、泽鹰。它们可能是因为吃了那些在肝脏或其他器官中积累了大量杀虫剂的鸟类和老鼠而造成了二次中毒。

受榆树喷药计划毒害的，不止是在地面上觅食的鸟儿及其捕食者。在大量喷药的地区，那些森林的精灵们——红冠和金冠的鹪鹩，很小的食虫鸟类和春天成群飞过树林、色彩绚丽的鸣禽等，所有在枝头觅食昆虫的鸟儿都消失了。1956年春末，人们推迟了喷药时间，以致于正好赶上鸟类的迁徙高潮，所以大批飞到该地的鸟类几乎都被杀死了。在威斯康星州的白鱼湾，正常的年份里至少能看到1 000只迁徙而来的桃金娘莺，而1958年人们对榆树喷药后，观察者们仅发现了两只。随着其他村镇鸟儿死亡的数据不断传来，被化学药物杀害的鸟类中有很多使人们看到之后都痛心不已的种类——黑白林莺、黄林莺、木兰林莺和栗颊林莺，在5月的森林中放声歌唱的灶巢鸟，拥有火焰般色彩的黑斑林莺、栗肋林莺、加拿大林莺和黑喉绿林莺。这些在枝头觅食的鸟儿要么因为吃了有毒的昆虫而直接受害，要么因为食物短缺而间接受害。

食物匮乏也严重威胁着徘徊在天空的燕子，它们正如鲱鱼奋力捕捉大海中的浮游生物一般在拼命搜寻空中的昆虫。威斯康星州的一位博物学家在报告中称："燕子已遭受到严重危害。每个人都在抱怨现在能见到的燕子相对于四五年前来说太少了。就拿四年前来说，我们头上的天空曾是燕群飞舞，而现在连看到它们都困难了……这可能由两种原因所致，一是喷药导致昆虫数量骤减，二是喷药使昆虫体内带有毒素，从而致使燕子食用后死亡。"至于其他鸟类，这位博物学家这样写道："另外一种数量明显减少的是东菲比霸鹟。强壮健康的小东菲比霸鹟再也看不到了。今年春天我看到了一只，去年春天也只看到一只。威斯康星州的其他捕鸟人也在抱怨这个问题。我曾养了五六对红雀，而现在都不见了。鸫鹟、知更鸟、猫鹊和鸣角鸮每年都会在我的花园里筑巢，而现在一只也没有了。夏天的清晨听不到鸟儿优美的歌声，只剩下佩斯鸟、鸽子、燕八哥和英格兰麻雀。如此悲惨的现实，我无法忍受。"

山雀、五子雀、花雀、啄木鸟和褐旋木雀的数量正在骤减，或许秋天对榆树进行定期喷药，导致树皮的每个缝隙中都渗进了毒药，就是这件事的起因。1957年和1958年间的那个冬天，华莱士教授多年来首次发现他家的饲鸟处已经见不到山雀和五子雀了。后来，发现的3只五子雀恰好揭示了前因后果：一只正在榆树上啄食，另一只奄奄一息地表现出了DDT中毒的典型症状，第三只已经死去了。后来经化验，在死去的五子雀的体内发现DDT含量已高达226PPM。

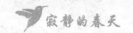

鸟儿的饮食习惯使它们本身特别容易受到杀虫剂的毒害，无论从经济方面还是其他容易被忽视的方面来看，它们的死亡都是令人唏嘘的。例如，白胸脯的五子雀和褐旋木雀的夏季食物中就有大量昆虫的卵、幼虫和成虫，而这些昆虫很多都对榆树有害。山雀3/4的食物是动物，包括多种处于各个生长阶段的昆虫。描写北美鸟类的不朽作品——《生命历史》一书中，有关于山雀觅食方式的记述："当一群山雀飞落树上时，为了找到一点儿食物——蜘蛛卵、茧或其他冬眠的昆虫，每只鸟儿都仔细地搜索着树皮、细枝和树干。"

诸多科学研究已经证明，无论在任何情况下，鸟类都对昆虫控制起决定作用。啄木鸟能很好地控制恩格曼云杉甲虫，能使这种甲虫的数量由55%减少到2%，它还能较好地控制苹果园里的苹果小卷蛾数量。山雀和其他在冬天活动的鸟儿能消灭掉果园的尺蠖，使果园免受其害。

但是在如今这个化学药物遍布的世界里，大自然所发生的这一切再也不会发生了，在如今的这个世界里，化学药物在杀死昆虫的同时，还杀死了昆虫的天敌——鸟类。当昆虫卷土重来时，再也没有鸟类能够很好地控制昆虫数量了。如密尔沃基公共博物馆鸟类馆馆长欧文·J.格罗梅在《密尔沃基日报》上写的："昆虫最大的敌人是一些捕食性的昆虫、鸟类和一些小型哺乳动物，但DDT却不加区别地将它们全部杀害，就连大自然自身的卫兵和警察也不能幸免……打着进步的旗号，难道我们不择手段地控制昆虫也要让我们自己成为受害者吗？这种控制只是一时的，随后还会反复。到那时，还有什么方法来控制害虫呢？榆树被毁灭，大自然的卫兵——鸟类，由于中毒而灭绝，到那时害虫就要攻击其他的树种。"

格罗梅先生在报告中称，自威斯康星州开始喷药以来，关于鸟儿死亡和垂死的电话和信件一直不断增多。这些带着责备和质疑的电话和信件告诉我们，喷过药的地区的鸟儿快要死光了。

对于格罗梅先生的报告，美国中西部大多数研究中心的鸟类学家和观察家都表示赞同，其中包括密歇根州克兰布鲁克研究所、伊利诺伊州自然历史调查所、威斯康星大学。几乎所有喷药地区报纸的读者来信一栏，都清晰地反映这样一个事实：居民们对喷洒化学药物已清楚地认识，并对此感到愤怒，他们比那些主导喷药行动的政府官员更加了解这种行为的危害和不合理性。一位密尔沃基的妇女写道："我们后院那些美丽的鸟儿全部死亡的日期就要来了，我非常担心。这是一件极其可悲的事情……而且，更令人失望和愤怒的是，这场屠杀并没有达到预期的目的……从长远来看，不保护鸟儿，难道能保护好树木吗？在大自然的有机体中，它们难道不是相互依存的吗？难道没有既不破坏大自然又能帮助大自然恢复平衡的方法吗？"

还有一些信件阐述了这样一个观点：榆树虽然是一种很重要的树木，但它们并不像印度的"神牛①"一样神圣，我们不能因为它们去毁灭其他所有形式的生命。另一位威斯康星州的妇女写道："我一直很喜欢榆树，它像风向标一样矗立在田野上，可是我们还有许多其他种类的树……我们也必须保护我们的鸟儿。假如失去了知更鸟的歌声，我们的春天该多么阴郁、寂寞呢？"

保护鸟儿还是保护榆树？一般人看来好像只能二选一，就是一件非此即彼、十分简单的事情，但实际并非如此。讽刺化学药物的言论非常多，有一句是这么说的：如果我们非要继续如今这种长驱直入的道路的话，到最后，我们很可能鸟儿和榆树都保不住。因为喷洒化学药物正在杀死鸟儿，却没有彻底拯救榆树。希望靠喷药枪拯救榆树的幻想是使人误入歧途的诱惑，它使许多的村镇不断陷入巨额开支的泥淖中，却不能取得持久的效果。康涅狄格州的格林尼治，人们有规律地喷洒了 10 年农药。可是，当一个干旱年份为甲虫繁殖创造了有利条件时，榆树的死亡率上升了 10 倍。在伊利诺伊州厄巴纳市——伊利诺伊州大学所在地，荷兰榆树病首次出现于 1951 年，喷洒药物始于 1953 年。到了 1959 年，尽管已喷了 6 年药物，但学校校园榆树的死亡率仍高达 86%，其中一半都是死于荷兰榆树病。

在俄亥俄州托莱多市，类似的情况促使林业部主管约瑟夫·斯文尼先生

---

①神牛：在印度，牛是湿婆神的坐骑，所以被视为圣兽。

更加现实地看待喷药行为。那里自1953年开始喷药，一直持续到1959年。一次，斯文尼先生注意到，棉枫鳞癣在喷药以后情况更加严重了，而此前"书本和权威们"一直都在推荐喷洒化学药物。于是，他决定亲自检查喷药对荷兰榆树病的效果。可是，结果使他大为一惊。他发现，在托莱多市，当榆树生病时果断将其移开或隔离种树的区域能够控制病情蔓延，而喷洒了化学药物的地区，榆树病并未得到控制。而在美国一些没有采取过任何措施的地方，榆树病也没有像该城一样蔓延得如此迅速。这一情况表明，喷洒化学药物确实杀害了榆树病的所有天敌。

"应对荷兰榆树病，我们正在打算放弃喷药的方法。如此一来，我和那些支持美国农业部主张的人就起了争执，但是我手握证据，使他们陷入了为难的境地。"

很难理解这些最近才出现荷兰榆树病的中西部城镇为什么竟这样不假思索地加入了这一昂贵的喷药行动，却不向多年前就应对过此问题的其他地区取取经。例如，纽约州对控制荷兰榆树病就有非常丰富的经验。早在大约1930年，生有疾病的榆木就是由纽约港进入美国的，随后，这种疾病也传入美国。至今，在纽约州还能找到有关控制和消除这种疾病的记录。然而，这种控制方法并没有依赖于喷洒化学药物。事实上，该州的农业部并不推荐喷洒药物这种控制方法。

那么，纽约州是如何取得这样显著的成就的呢？从最早开始为保护榆树而斗争直到现在，该州一直采用极为严格的防卫措施，即将所有得病或已受感染的树木迅速转移和毁掉。起初的结果不太让人满意，不过这仅仅是因为没有意识到不仅要毁掉生病的树，还要把甲虫可能产下卵的所有树都毁掉。生病的榆树被砍下当作木柴堆放起来，如果在开春前不烧掉它，那么许多带菌的甲虫就会生于其中。从冬眠中苏醒、在四五月份觅食的成熟甲虫就会传播荷兰榆树病。纽约州的昆虫学家经过研究，终于发现了哪种甲虫对于传播荷兰榆树病起主要的作用。将这些危险的木材收集起来，不仅能取得良好的控制效果，还能使防卫计划花费较低的费用。1950年，纽约州的荷兰榆树病的发病率降到了1%，当年该地区有55 000棵榆树。

1942年，维斯切斯特郡开展了一场防卫运动，在其后的14年里，榆树的死亡率每年仅有1%。布法洛城拥有185 000棵榆树，由于开展防卫工作，近年来榆树的损失量仅为1%，取得了了不起的成绩。按照这样的损失速度，300年之后，布法洛城的榆树才会全部毁灭。

雪城的情况尤其令人印象深刻。1957年之前，雪城一直没有实施什么有效的计划。在1951年至1956年期间，那里几乎3 000棵榆树死掉了。随后，在纽约州林学院的霍德华·米勒先生的指导下，该城进行了一场全力清除所有生病榆树和以榆树为食的甲虫的一切可能来源的运动，结果榆树损失的比例现在已降到每年1%。

在控制荷兰榆树病方面，纽约州的专家们强调了这种防卫计划的经济性。纽约州农学院的马蒂斯先生说："在绝大部分情况下，实际开销是很小的。为防止财产损失和人身受害，如果是一个已死的或受病害的树枝，那么就要去除这个树枝；如果是一堆木柴，那就应该剥掉树皮，将它们贮存在干燥的地方，并在春天来临之前烧掉它们。对即将死去或已经死去的榆树来说，为了防止荷兰榆树病传播而将其立即除去所花费的钱，并不比今后要花费的多，因为城市中几乎所有死去的树最终都将被除去。"

如果采取明智的措施，防治荷兰榆树病并非完全无希望。一旦荷兰榆树病稳定存在于某个群落中，那么现有的任何手段都不能将其扑灭，我们只能采取防护措施将病情控制在一定范围，而不是使用那些既收效甚微又使鸟类惨遭灭绝的方法。在森林发生学的领域中，其他的可能性也是有的，在此领域的实验中，一种新的希望出现了，那就是培育一种杂种榆树来抵抗荷兰榆树病。欧洲榆树抵抗力很强，人们在华盛顿哥伦比亚区已种植了许多这类榆树。即使城市的绝大部分榆树都遭到荷兰榆树病侵袭时，这些欧洲榆树中却并未发现荷兰榆树病。一些失去了大量榆树的城镇亟须马上开展移植欧洲榆

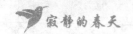

树的育林计划。有一点至关重要，它不仅要把抵抗力强的欧洲榆树移植过去，还要保证移植树种的多样性，这样，如果将来某个流行病爆发，就不会使一个城镇的所有树木全军覆没。如英国生态学家查理·爱尔顿所说，一个健康的植物或动物群落的关键是"保持生物的多样性"。现在所发生的一切，基本上都是因为过去生物单一化的结果。但是在二三十年之前，还没有人知晓将单一树种种植在大片土地上会招来灾难。于是，所有城镇都整齐地种植榆树来美化街道和公园。结果，现在榆树死了，鸟儿也死了。

美国国家的象征——鹰，看来也与知更鸟一样濒临灭绝。在过去的 10 年中，鹰的数量急剧减少，令人触目惊心。事实证明，鹰的生活环境中存在着一些因素，导致了鹰的繁殖能力受到影响。这种因素到底是什么，现在还无法确定，但是已有一些证据表明杀虫剂脱不了干系。

从坦帕到迈尔斯堡，沿着佛罗里达西海岸线筑巢的鹰，是北美地区被研究得最透彻的鹰。银行家查理·布罗利从温尼伯退休后，在 1939 年至 1949 年期间致力于给 1 000 多只小秃鹰做标记，由此在鸟类学方面获得殊荣。因为，此前鸟类的所有标记历史中，只有 166 只鹰做过标记。布罗利先生在幼鹰离窝之前的冬季几个月中给它们做标记，之后发现的带标记的鸟儿证实，出生于佛罗里达州的鹰会沿着海岸线向北飞至加拿大的爱德华王子岛；然而人们此前一直以为鹰是不会迁徙的。秋天，它们又飞回南方，宾夕法尼亚州东部的霍克山顶地形非常有利，能够很好地观察它们的迁徙活动。

布罗利先生决定给鹰做标记时，他选择了这段海岸线作为他的研究对象。最初几年里，他通常一年能发现 125 个有鸟在巢的鸟窝，每年标记的幼鹰约有 150 只。而 1947 年，新生幼鹰的数量开始下降。一些鸟窝没有蛋，还有一些虽有蛋却孵不出幼鹰。1952 年至 1957 年，孵不出小鸟的鸟窝几乎高达 80%。在这段时间的最后一年，有鸟在巢的鸟窝仅有 43 个，其中孵出了幼鹰（仅 8 只）的鸟窝有 7 个，有鸟蛋却孵不出幼鹰的鸟窝有 23 个，仅供成年鹰栖息、没有鸟蛋的鸟窝有 13 个。1958 年，布罗利先生沿着海岸足足跋涉了 100

英里才发现一只布罗利鹰，并给它做了标记。大鹰怎么样了呢？在1957年时，他在43个鸟窝里看到过大鹰，但现在仅在10个鸟窝里看到过。

1959年布罗利先生去世，这个极有价值的连续、系统的观察也中断了，但佛罗里达州的奥杜邦学会、新泽西州和宾夕法尼亚州的报告证实了这一现象及其发展趋势，我们可能要去寻找一种新的国家象征了。霍克山禁猎区管理人莫里斯·布朗的报告尤其受人关注。霍克山位于宾夕法尼亚州东南部，是一座美丽如画的山峰，在那里，阿巴拉契亚山的最东部山脊为阻挡西风吹向沿海平原搭起了最后一道屏障。西风遇到山脉阻挡时，会偏斜向上吹去，所以在秋天的时候，阔翅鹰和鵟鹰不用花费多大气力就可以直上云霄，这就使得它们在向南方迁徙的时候，一天能飞很长的路程。在霍克山区，山脊都在这里汇集，空中的航道也一样，鸟儿们飞向北方时都要在这个狭窄的通道聚集。

作为禁猎区的管理人，莫里斯·布朗在20多年中所观察和记录的鹰要多于任何一个美国人。八月底和九月初是秃鹰迁徙的高峰期。人们认为这些鹰出生于佛罗里达州，它们是在北方度过夏天后又返回家乡的。深秋初冬时期，还有一些鹰经由这里飞向未知的地方过冬，人们认为它们可能是北方的一种鹰。在设立禁猎区的初期，即1935年至1939年，大约有40%的鹰中是1岁大的，这一点，从它们的暗色羽毛上就能轻易辨认出来。但最近几年，这些1岁大的鹰相当罕见。1955年至1959年，这些未成年鹰在鹰的总数量中仅占20%；而在1957年一年中，每32只成年鹰里幼鹰仅有1只。

霍克山的调查结果与其他地区的发现相吻合。伊利诺伊州自然资源协会的一位官员——埃尔顿·福克斯写了一份类似的报告。在北方筑巢的鹰，可能沿着密西西比河和伊利诺伊河过冬。福克斯先生1958年报告说，据他的观察统计，59只鹰中仅有1只幼鹰。世界上独一无二的鹰禁猎区——萨斯奎汉纳河的约翰逊岛上出现了鹰类正在走向灭绝的征兆。这个岛距离科纳温格大坝上游仅8英里，距离兰卡斯特郡海岸大约0.5英里，但它仍保留着其自身的原始状态。1934年，一位兰卡斯特的鸟类学家、禁猎区的管理人荷伯特·贝克教授对常年在这儿的一个鹰巢进行了持续观察。1935年至1947年，成年鹰一直有规律地伏窝，并且都成功孵出了幼鹰。但从1947年起，虽然有成年鹰在窝里下了蛋，但没有孵出幼鹰。

与佛罗里达州的情况一样，约翰逊岛也出现了同样的问题：一些成年鸟住在鸟巢里，生下了一些蛋，却几乎没有孵出幼鸟。如果要解释这种现象的成因，那么只有一种理由是成立的，即鸟儿的繁殖能力遭到了某种环境因素的损害，导致现在每年几乎没有新生幼鸟来延续种群了。

美国鱼类及野生动物管理局著名的詹姆斯·德维特博士所做的实验表明，由于人为原因，其他鸟类中也存在着同样的情况。他所做的杀虫剂对野鸡和鹌鹑影响效果的一系列实验，确切地证实了DDT及其同类化学药物对一对鸟儿未造成明显毒害之前，已经严重地影响了它们的生殖能力。鸟类受到影响的途径不尽相同，但结果总是一致的。例如，在给鹌鹑喂食前在食物中加入DDT，鹌鹑虽然还活着，甚至还生了许多蛋，但是很少能孵出幼鸟来。德维特博士说："许多胚胎在初期发育正常，不过在孵化阶段却死去了。"这些孵化的胚胎几乎一半以上都是在5天内死去的。在实验中，如果全年都给野鸡和鹌鹑喂食含有杀虫剂的食物，那么它们无论如何也生不出蛋来。加利福尼亚大学的罗伯特·路德博士和查理·杰纳利博士的报告提到了同样的情况。当给野鸡喂食含有狄氏剂的食物时，"产蛋量明显减少了，小鸡也很难存活"。根据这些科学家所说，狄氏剂会在蛋黄中不断积累，之后在孵卵期和孵化之后被渐渐吸收，对幼鸟造成致命的伤害。

华莱士博士及其学生理查德·伯那德的最新研究成果有力地支持这一观点。通过对密歇根州立大学校园里的知更鸟的研究，他们发现这些鸟儿身上有着含量很高的DDT。他们在所检查的所有雄性知更鸟的睾丸里、在卵泡里、在雌鸟的卵巢里、在已发育好但尚未孵化的蛋里、在输卵管里、在从被遗弃的鸟窝里取出的尚未孵化的蛋里、在蛋内的胚胎里、在刚刚孵出但已死去的雏鸟体内，都有这种毒物存在。

这些重要的研究表明，即便生物脱离了与杀虫剂的初期接触，杀虫剂的毒性也会对下一代造成危害。有毒物质在鸟蛋里、在给胚胎供给营养的蛋黄里不断累积，是幼鸟致死的真正原因，这就是为什么德维特博士会看到那么多幼鸟死于蛋壳中，或是孵出几天后就死去了。

如果对鹰做类似的实验，那么将要遇到的困难几乎难以克服，可是野外研究已经在佛罗里达州、新泽西州和其他一些地区开始进行了，科学家们希望能对发生在鹰群中的不孕症找出确切的原因。现在，根据一些间接证据来判断，这个原因很可能是杀虫剂。在盛产鱼类的地方，鱼在鹰的所有食物中占较大比例（在阿拉斯加约占65%，在切萨皮克湾地区约占52%）。毋庸置疑，布罗利先生长期研究的那些鹰都是以鱼为食的。自1945年以来，那段海岸的沿海地区一直在反复喷洒可溶于柴油的DDT，目的是消灭盐沼中的蚊子。这种蚊子主要在沼泽和沿海地区生活，而这些地方也恰好是鹰猎食的区域。那里有大量的鱼、蟹死掉了，实验室经过化验分析，发现它们体内DDT含量高达46PPM。就像清水湖的水鸟一样，它们由于吃了湖里的鱼，体内积累了高浓度的杀虫剂，这里的鹰当然也在它们体内积累了高浓度的DDT。自然，跟那些水鸟一样，野鸡、鹌鹑和知更鸟也都很难繁殖幼鸟，以及繁衍种群了。

对于鸟儿在我们当今世界中遭遇的威胁，全世界都传来了相似的声音。虽然这些报告在细节上不尽相同，但主题都是围绕着"农药使用之后野生动物死亡"这一主题。例如，在法国，人们用含砷除草剂处理葡萄树残枝，导致了几百只小鸟和山鹑的死亡；而在一度以鸟类众多而闻名的比利时，人们对农场喷洒药物使鹧鸪遭遇了灭顶之灾。

英国面临的主要问题似乎有些特殊，它与人们在播种前越来越频繁使用杀虫剂处理种子的行为有关。处理种子的做法并不新鲜，不过人们早期主要使用的是杀菌剂。这种做法并没有发现对鸟儿有什么不利影响。然而1956年，为了对付土壤昆虫，一种带着双重目的的处理方法取代了以前的老办法，

不单杀菌剂，狄氏剂、艾氏剂或七氯都被加入进来。于是，糟糕的情况出现了。

1960年春，英国野生动物管理局收到的来自各部门或机构的关于鸟类死亡的报告像洪水一样汹涌而来，其中有英国鸟类联合公司、皇家鸟类保护学会和猎鸟协会。一位诺福克的农夫在报告中称："这个地方就像刚打过仗一样，管理人员发现了无数动物的尸体，其中包括花鸡、金翅雀、红雀、篱雀、麻雀等多种鸟类……野生动物的毁灭是十分令人痛惜的。"一位猎场管理员写道："我的松鸡全被药物处理过的谷物杀死了，还有野鸡和其他鸟类，成百上千只鸟儿都死掉了……我当了一辈子猎场看守员，看到这么多松鸡同时被杀死，真的非常痛心。"

英国鸟类联合公司和皇家鸟类保护学会在一份联合报告里记录了67例鸟儿被害的事件——其实1960年春天被杀死的鸟儿已经不止这个数了。在这67例事件中，其中59例是因为吃了农药处理过的种子，8例是因为喷洒农药所致。

第二年，毒药的使用迎来一个新的高潮。众议院收到一份报告说，诺福克的一个地区死了600只鸟儿，而北易赛克斯的一个农场死了100只野鸡。显然，与1960年相比，更多的郡县已经被卷进来了（1960年有23个郡，1961年有34个郡）。林克兰舍郡素来以农业为主，受害最严重，报告称有10 000只鸟儿死亡。然而，英格兰北至安格斯，南至康沃尔，西至安哥拉斯，东至诺福克的所有农业区，都被死亡的阴影笼罩着。

1961年春，这个问题引起了人们的极大关注，以至于众议院成立了一个特别委员会开始对此进行调查，农夫、农场主、农业部代表以及各种与野生动物有关的政府和非政府机构都被要求出庭作证。

一个目击证人说："鸽子飞着飞着突然从天上掉下来死了。"另一个人报告说："你可尝试在伦敦市外驾车一二百英里，绝对看不到一只茶隼。"自然保护局的官员们说："在20世纪或我所知道的任何时期，我从来没有见过类似的情况，这是该地区最大规模的一次对野生动物的迫害。"

用来对鸟类尸体进行化学分析的实验设备非常匮乏，而在这个农村仅有两名化学家可以进行这种化学分析，一位是政府部门的化学家，另一位任职于皇家鸟类保护学会。目击者称，很多鸟儿的尸体都被大火焚烧了。但人们仍努力地收集到了一些尸体供实验分析，分析结果表明，除了一只不吃种子的沙鹬鸟外，所有鸟儿体内都含有农药毒素。

可能是因为间接吃了中毒的老鼠或鸟儿，狐狸也同样受到了影响。英国的兔子泛滥成灾，非常需要狐狸来制约。但 1959 年 11 月至 1960 年 4 月，至少有 1 300 只狐狸死亡。在雀鹰、茶隼及其他猛禽几乎灭绝的地方，狐狸的死亡情况最为严重，这说明毒物的传播途径就是食物链，毒素从吃种子的动物传播到长毛和长羽的食肉动物。垂死的狐狸在抽搐而死之前，总是神志不清、双目半盲地不停兜圈子。这与其他因氯化烃杀虫剂而中毒的动物症状相似。

特别委员会在听到上述一切事实后，确信化学药物对野生动物已构成"非常严重"的威胁，因此向众议院提出建议：农业部长和苏格兰州秘书应立即采取措施，马上禁止使用含有狄氏剂、艾氏剂、七氯或其他毒性较强的同类化学物质来处理种子。该委员会还提出，应当加强管控，保证化学药物进入市场出售前都经过严格的实地和实验室检测。必须强调的是，这是所有地区在杀虫剂研究方面的一个盲点。人们一般用普通的实验动物——老鼠、狗、豚鼠，而不是使用野生动物，如鸟儿、鱼等；并且这些试验都是在人为控制下进行的，如果在野生动物身上应用应该不能保证万无一失。

因为使用化学药物处理种子而引发鸟类保护问题的，肯定不止英国一个国家。在我们美国的加利福尼亚及南方水稻种植区，这个问题一直困扰着人们。多少年来，加利福尼亚的稻农一直都在用 DDT 处理种子，以消灭那些啃食稻秧的蝌蚪虾和水甲虫。过去，加利福尼亚的稻田中生活着大量的水鸟和野鸡，猎人们常常为他们卓越的战果而兴奋。可是，在过去的 10 年中，关于鸟儿死亡的报告不断地从水稻种植区传来，其中尤以野鸡、鸭子和燕八哥死

亡的报告居多。"野鸡病"已众所周知,一位观察家报告称:"鸟儿会到处找水喝,它们瘫痪在水沟旁和稻田埂上颤抖。"这种"病"发生在春季稻田播种之后,所使用的DDT剂量是足以使成年野鸡致命剂量的数倍。

几年过去了,毒性更强的杀虫剂被发明出来了,因处理种子所造成的灾害更加深重了。对野鸡来说,艾氏剂的毒性是DDT的100倍,可是它如今已被广泛地用于处理种子了。在得克萨斯州东部水稻种植区,这种行为致使著名的栗树鸭数量骤减。栗树鸭多生活于墨西哥湾沿岸,全身呈黄褐色、外形与鹅相近。我们有理由相信,那些使燕八哥数量骤减的水稻种植者们,现在正努力消灭掉生活于产稻地区的其他鸟类。

对那些困扰我们的或者我们不中意的生物大开杀戒,越来越多的鸟儿已经不再是毒药的附带受害者,而成了直接目标。在空中喷洒对硫磷这样的剧毒药物越来越流行,其目的在于"控制"农夫们不喜欢的鸟儿。美国鱼类及野生动物管理局感到必须对这种趋势高度关注,于是发出警告:"用来进行区域处理的对硫磷,已严重威胁到人类、家畜和野生动物的生命。"例如,在1959年夏季,印第安纳州南部的一群农夫雇了一架飞机在河边洼地喷洒对硫磷。原因是,此地有几千只燕八哥栖息,它们常常在庄稼地附近觅食。本来,这个问题只要稍微改变一下农田布局就能轻易解决的——改种一种麦芒较长的麦子,鸟儿就不能吃到它们了,但是农夫们对使用毒药消灭生物的方法坚信不疑,所以他们雇了撒药飞机来对这些鸟儿执行死刑。

喷药的结果农夫们肯定非常满意,因为约有65 000只红翅八哥和燕八哥都死掉了。至于那些没有被人类关注、没有被报道的野生动物究竟死了多少,根本没人知道。作为一种通用的毒药,对硫磷不仅能杀死燕八哥,还能消灭那些漫游于此的野兔、浣熊或负鼠,这些动物可能根本没有侵害农夫的庄稼地,但它们却被无辜地判处了死刑。这些"法官们"既不知道它们的存在,也不在乎它们的死活。

而这对人类产生了什么影响呢?在加利福尼亚,一个果园因喷洒对硫磷导致喷药的工人在接触过带有药物的叶片一个月后发病了，病情很凶险，多亏了医术精湛的医生，他们才捡回一条命。印第安纳州是否有一些孩子喜欢在森林和田野漫游，甚至到河中探险呢？如果有，那么谁会守在这些有毒的地方来防止他们为了探索美丽的大自然而误入其中呢？谁会警惕地站在有毒的田地边守望，以警告那些打算进入其中的无辜游人们这些田地都是剧毒的呢？这些田地里种植的蔬菜都被一层致死的药膜包裹了。可是，没有任何人来阻止这些农夫，他们冒着巨大的危险，发动了一场针对燕八哥的、不必要的战争。

　　每一次事件发生时，人们都漠视和回避一个值得深思的问题：是谁做了这个决定，引发了一系列的中毒事件，就像在平静的水塘中投入了一颗石子，死亡的涟漪不断扩大开来？是谁在天平的一端放上了一些可能被某些甲虫吃掉的树叶，而在另一端放上了成堆的五彩羽毛（这些羽毛是死于杀虫毒的鸟儿们的遗物）？是谁不和千百万的人民协商就做出了决定？是谁有权力认为一个不存在昆虫的世界就是至高无上的，即便这样一个世界因为失去鸟儿飞翔的身姿而变得黯然失色？一个暂时被委以权力的独裁主义者做出了这个决定；他在千百万人的一刻疏忽中做出了这一决定。而对于这千百万人而言，美丽有序的大自然仍然具有重要意义，这种意义是深刻和必要的。

1.文中杀虫剂给鸟类带来了哪些悲惨的后果？

2.请结合所学，你认为有哪些方法可以不破坏大自然而又能帮大自然恢复平衡呢？

第九章　死亡之河

　　在大西洋绿色海水的近海处，有许多路径通向海岸；海中的鱼类会沿着这些小路巡游；虽然它们看不见，也摸不着，可它们确实是由陆地河流水体的流动形成的。几千年来，鲑鱼对这些淡水形成的水中线路极为熟悉，它们能沿着这些水中路线返回陆地河流。每条鲑鱼在一生的某个阶段，都要回到它们最初的诞生地——陆地的淡水河流的某个小支流里。1953年的夏秋季节，新不伦瑞克的一种名为"米罗米奇"的河鲑从它们的觅食地大西洋长途跋涉归来，回到了它们的"故乡"——在绿荫掩映下，许多溪流交织而成的河网。秋天，河床上流过的溪水轻柔而又清凉，河鲑会在河床的沙地上产卵。这里遍布着云杉、凤仙、铁杉和松树，是一片巨大的针叶林区。此处为鲑鱼提供了理想的产卵地，使它们能够繁衍下去。

　　从很久以前直到现在，这种情况一直在不断地重复着。美国北部有一条名为米罗米奇的河流，能出产最好的鲑鱼，那里的情况就一直是这样的。但在1953年，这种情况遭到了破坏。

　　秋冬季节，大个头儿的、被硬壳包裹的鲑鱼卵被产在河床沙地的浅槽中，这些浅槽是雌鱼提前在河底挖好的。冬季寒冷，鱼卵发育缓慢，一般来说，只有在来年春季河流完全解冻时，小鱼才能孵化出来。一开始，它们只有半英寸长，在河底的沙石中藏身。它们不吃东西，仅靠一个大卵黄囊生存。当卵黄囊里的养分被吸收完了，小鱼就不得不到溪流中搜寻小昆虫吃。

1954年春季，很多小鱼都孵化出来了，一两岁的鲑鱼、刚孵出化的幼鱼，在米罗米奇河中都有。这些小鱼身着带有红色斑点的鲜艳外衣，在溪水中到处搜寻着、贪婪地吃着各种各样的小昆虫。

夏天来临时，所有这一切开始发生变化。在前一年，一个宏大的喷药计划囊括了米罗米奇河的西北部流域。为了拯救森林，使树木免受云杉蚜虫（一种本地昆虫，会侵害多种常绿树木）的侵害，加拿大政府实施该计划已经一年了。在加拿大东部，大约每35年这种昆虫就要肆虐一次。在20世纪50年代初期，云杉蚜虫的数量就出现了猛增的情况。为了对付它们，人们开始喷洒DDT；起初喷药只是在一个小范围内进行，但1953年突然将喷洒范围扩大——从前，人们只是在几千英亩森林中喷药，现在则扩大至几百万英亩；是为了挽救作为纸浆和造纸工业原料的凤仙树。

于是在1954年6月，米罗米奇西北部的林区迎来了喷药飞机的光顾，白色的药雾在天空中划出了一道道交错的航迹。每英亩森林喷洒了0.5磅可溶于油中的DDT，药水在凤仙树林区降落，还有一些进入了溪流。飞行员们只关心是否完成了任务，才不会想到喷药时尽量避开河流，或者当飞机飞过河流上方时暂时关掉喷药枪管。不过实际上，哪怕气流非常微弱，药雾也能随之飘很远，所从即使飞行员这么做了，结果也不会有什么改观。

喷洒行动一结束，一些不容置疑的糟糕现象就出现了。两天之内，很多已死的和垂死的鱼出现在河流沿岸，其中有许多幼鲑鱼和鳟鱼。道路两旁和林中的鸟儿也正在不断死亡。河流中的所有生物都销声匿迹了。在药物喷洒前，河流中生存着丰富多彩的生物：石蛾幼虫在一个既松散又舒适的保护体中居住，这个保护体是用黏液胶结起来的，由树叶、草梗和沙砾组成；飞石虫蛹一般会在河水的急流中紧贴在岩石上；还有生活在浅滩岩石或溪流从斜

石上直落下来的地方的黑蝇幼虫；等等。但是，它们现在都已经被DDT杀死了，鲑鱼和鳟鱼再也没有什么食物可吃了。

在这样一个充满死亡和毁灭的环境中，很难期望幼鲑能够幸免。到了8月，没有一条幼鲑出现在它们春季曾短暂待过的河床沙地上。一年的繁殖全部白费了。一岁或更大点儿的鲑鱼受到的毒害相对小一些。飞机飞过河面后，1953年孵出的鲑鱼只活下来了1/6；而1952年孵出的鲑鱼几乎已经准备好前往大海，还是死了1/3。

自1950年起，加拿大渔业研究会就一直在对米罗米奇河西北部的鲑鱼进行研究，所以事情的真相才为世人所知。该研究会每年都会对在这条河流中生存的鱼进行数量普查。生物学家会记录下当时河中具备产卵能力的成年鱼数量、各年龄段的幼鱼数量、鲑鱼和其他生活在这条河中的鱼类的数量。正因为对喷药前的情况有这样完整的记录，人们才能准确地判断喷洒药物造成的损失。

这一调查不仅让人们清楚了解了幼鱼受害的情况，还揭示了该河流本身的巨大变化。反复的喷药使河流的环境发生了彻底改变，各种水生昆虫——鲑鱼和鳟鱼赖以生存的食物已被杀死。在单独的一次喷药之后，要使这些昆虫再繁殖到可以正常供应河中的鲑鱼和鳟鱼食用的程度，需花费很长时间，不是几个月，而是几年。

诸如蚊蚋、黑飞虫一类的小昆虫（它们是几个月大的幼鲑鱼的最佳食物）恢复起来会很快，但是两三岁的鲑鱼赖以为食的、稍大点儿的水生昆虫（这些昆虫有石蛾幼虫、石蝇和五月金龟子的幼虫）就恢复得比较困难了。甚至在喷洒DDT一年之后，除了个别小硬壳虫偶然出现外，幼鲑还是很难觅到其他食物。为了让这种天然食物大量增长，加拿大人正在努力将石蛾幼虫和其他昆虫引入米罗米奇这片贫瘠的河流中来。但显而易见的是，这种人工引进也很难避免再次喷药带来的毒害。

喷药之后，蚜虫的数量不仅没有像人们预料的那样减少，反而耐药力更强了。1955年至1957年，人们在新不伦瑞克和魁北克各处反复喷药，有些地区甚至被喷了3次。到1957年，喷药的土地可达近1 500万英亩。然而，一旦停止喷洒药物，蚜虫的数量就急剧增长，以至于发生了1960年和1961年那样数量暴增的现象。的确，没有任何地方有迹象表明，喷洒药物只能暂时性地控制蚜虫，所以喷药计划还在继续，它的副作用也逐渐被人们觉察到了。为了最大限度地降低化学药物对鱼类的危害，并符合渔业研究会推荐的DDT喷洒标准，加拿大林业服务处明确规定，DDT的喷洒量由之前的每英亩0.5磅降低到0.25磅。而在美国，这一方面并没有相关调整。在观察了几年喷药效果之后，加拿大人发现了一种令人喜忧参半的情况，但如果继续喷药计划，对于那些以捕捉鲑鱼为业的人没有什么好处。

一系列不寻常的事件挽救了米罗米奇河西北部，但在一个世纪内，这样巧合的事件不会再出现了。我们有必要了解一下事情的来龙去脉。

众所周知，1954年，米罗米奇的西北部流域被喷洒了大量药物。之后，除了1956年在一个很小的区域内再次喷药外，该流域没有再喷过药。1954年秋季，米罗米奇鲑鱼的命运被一场猛烈的热带风暴改变了。艾德娜飓风一路北上，将倾盆大雨带给了新英格兰和加拿大海岸地区。因此，此处的洪流与河流汇聚的淡水滚滚入海，引来了数量超乎往年的鲑鱼。结果，当年该河河床的沙地上就有了数量超乎往年的鱼卵。1955年春天，米罗米奇西北部流域孵出的幼鲑鱼对这儿的生存环境很满意——这时恰好离DDT杀死河中全部昆虫已经一年之久了，蚊蚋和黑飞虫这类小昆虫已恢复得差不多了，它们正好可以为幼鲑提供食料。所以这一年出生的幼鲑，不仅有充足的食物，而且也没有什么竞争者（因为在1954年，稍大一些的鲑鱼已被毒药杀死）。因此，1955年的幼鲑长势极好，数量也异常多。它们在河流中快速地完成了生长发育，随后奔向了大海。1959年，这批鲑鱼中的许多鱼又回到故乡的河流，在那里产了大量的卵。

相对来说，米罗米奇西北部的情况相对较好，幼鲑数量还有所增加，因

为这儿仅仅喷了一年农药。而在该河的其他流域，多年反复喷药的恶果已清楚地显现出来了，那里的鲑鱼数量减少之快让人震惊。

所有喷过药的河流中，都很难发现幼鲑的影子，无论个头儿是大是小。生物学家在报告中指出，年龄最小的鲑鱼"实际上已经完全灭绝了"。在1956年和1957年，米罗米奇西南部流域几乎全喷了药，1959年孵出的小鱼在10年中是数量最少的。渔夫们纷纷议论说，洄游的幼鲑数量减少太多了。在米罗米奇河口的采样处，1959年的幼鲑数量只有往年的1/4。1959年，米罗米奇流域的鲑鱼总产量比前三年减少了1/3，仅捕捞到了60万条两三岁的小鲑（此时，它们正处于从河流迁入大海的阶段）。

基于此，恐怕只有找到DDT的替代品，新不伦瑞克的鲑渔业才有未来。

加拿大东部的情况并不特殊，不同之处只有一点，即该区域被喷过药的森林面积很大，所以采集到的第一手资料较为详尽。缅因州同样有云杉和凤仙树林，也面临着控制森林昆虫的问题。缅因州也有洄游的鲑鱼，不过数量远不能跟以前相比了。那里的河流受了工业污染，所以即便有生物学家和环保主义者的挽救，河里的鲑鱼依然难以存活下去。虽然那里的人们曾经也用喷药的方法来消灭无处不在的蚜虫，但受到影响的区域很小，甚至连鲑鱼产卵的几条重要河流都不在被影响之列。不过，缅因州内陆渔猎管理局观察到的情况，可能是一个凶险的预兆。

该部门报告称："1958年喷过药物后，人们立即在大戈达德河中发现了许多快要死掉的鲤鱼。这些鱼游动的方式非常奇怪，它们露出水面喘气、颤抖和抽搐，是典型的DDT中毒症状。在喷药后前5天里，人们在两个河段的渔网里收集到了668条死鲤鱼。在小戈达德河、卡利河、阿尔德河和布雷克河中，人们也发现了大量的死鲦鱼和死鲤鱼。人们经常能看到濒死的鱼无力地顺着河水飘荡。有时，在喷药后一周，还能看到瞎眼的和垂死的鳟鱼随河漂流。"

许多研究工作已经证实，DDT可以使鱼眼睛变瞎。1957年，一个在温哥华北部研究喷药行为影响的生物学家在报告中指出，原本凶猛的鳟鱼，现在用手就可以轻而易举地在河流中捞出，这些鱼行动迟缓，也不逃跑。研究发现，鱼儿的眼睛被一层不透明的白膜覆盖，由此它们会视力衰弱或失明。加拿大渔业部的研究表明，低浓度的DDT（3PPM）几乎并不能杀死所有的鱼（银鲑），但会使它们患上晶状体不透明眼盲症。

凡是在大片森林中采用现代方法控制昆虫，栖息在树荫下的溪流中的鱼类都将面临威胁。1955年，美国发生了一个著名的鱼类毁灭的案例，那是在黄石国家公园及其附近地区喷洒农药所致。那年秋天，黄石河中出现了大量死鱼，钓鱼爱好者和蒙大拿渔猎管理局对此大为吃惊。那一次，受影响的河流约有90英里，在300码①长的一段岸边就发现了600条死鱼，其中包括褐鳟、白鱼和鲤鱼。而作为鳟鱼天然食料的水生的昆虫，也都消失不见了。

林业服务处宣称，使用DDT的"安全标准"是每英亩1磅。然而，喷药的实际后果告诉人们，这一标准根本不能达到所谓的"安全"。1956年，由蒙大拿渔猎管理局及两个联邦机构——美国鱼类及野生动物管理局、林业服务处——共同参加的一项合作研究启动了。这一年，蒙大拿喷药面积达90万英亩，1957年又增加了80万英亩，因此生物学家们不用为找不到研究场所而发愁了。

① 码：英美制长度单位，1码约合0.914 4米。

鱼类的死亡总是呈现出一种典型模式：森林中DDT的气味到处弥漫，水面上漂着一层油膜，岸边有死去的鳟鱼。不论是被活捉的，还是死了的，科学家都对之做了检测分析，事实上，它们体内含有大量DDT。与加拿大东部一样，喷药带来的最严重后果是天然食料的骤减。在许多被研究的地区，水生昆虫和其他栖息在河底的动物仅有正常数量的1/10。鳟鱼赖以生存的水生昆虫一旦被消灭，就需要很长时间恢复。即使喷药已经过去约两年，河中的水生昆虫也只有少量。曾经有一条河底栖息着很多水生动物的河流，现在几乎看不到任何东西。而在这样一条河中，鱼的捕获量也减少了80%。

当然了，鱼不会立即死掉；实际上，延迟死亡比立即死亡更严重。蒙大拿的生物学家们发现，因为死亡被延迟了，所以鱼类大量死亡的情况就发生在捕鱼季节之后，这样鱼的死亡情况就不能被真实地报道了。在被研究的河流中，秋季一般会出现繁殖期的鱼大量死亡的情况，褐鳟、河鳟和白鱼都包括在内。这其实很容易理解，因为对所有生物而言——鱼类也好，人类也好，在其生理应激期，都会在体内积累脂肪以储备能量。这样一来，储存在脂肪组织中的DDT含量就足以使鱼致命了。

这样，我们就可以清楚地知道，按照每英亩一磅DDT的比例来喷洒，对树林掩映下的河中鱼类威胁就很大了。不过糟糕的是，人类消灭蚜虫的愿望一直未能实现，依然要对许多土地进行喷药。对此，蒙大拿渔猎管理局表示坚决反对，强调不能因为喷药计划而使渔猎资源遭到严重损失，而且喷药计划的必要性和成果值得怀疑。该局还宣称，无论如何都会与林业服务处一起努力"尽量减少副作用的影响"。不过，这一合作真的能成功拯救鱼类吗？对此，美国哥伦比亚的经验足以说明。在那里，黑头蚜虫已经猖獗多年，林业服务处忧心再过一个季节，树木会因为大量叶片脱落而死亡，于是开始在1957年实施蚜虫控制计划。该局与渔猎管理局多次协商，但渔猎管理局对鲑鱼的洄游是否受影响的这一问题更为关心。于是森林生物分局同意调整喷药计划，并尽量寻找合适的方法来消除其影响，以减少对鱼类的危害。

尽管确实采取了预防措施，而且这些措施也起到一定的效果，但最终，四条河流中的鲑鱼几乎全部难逃一死。而在其中一条河中，40 000条洄游的银鲑鱼中较年幼的差不多全部死掉了，几千条年幼的硬头鳟鱼和其他种类的鳟鱼命运与之相似。银鲑鱼遵循着为期3年的循环生活周期，而参加洄游的年龄都差不多。与其他种类的鲑鱼一样，银鲑的洄游本领很强，能游回自己出生的那条河流，而不会到别的河流去。这就意味着，每隔3年的洄游已经几乎消失了，除非管理部门通过人工繁殖和其他办法才能恢复。

有一些办法可以保护森林，也可以保护鱼类。如果放任我们的河流都变成死亡之河，那么我们就是向绝望和失败主义屈服。我们必须广泛地使用现有的、可替代的方法，充分运用我们的智慧、调动我们的资源去寻找新方法。在以往的记载中有这样的案例——天然的寄生虫病可以很好地控制蚜虫，比喷洒药物效果好，我们应该充分运用这一自然方法。使用低毒农药，或者利用微生物使蚜虫生病，森林的生态不会受到什么影响。在本书的后面，我们将介绍这些可替代的方法，以及使用这些替代方法需要什么条件。现在，我们必须明白，对付森林昆虫，喷药不是唯一办法，也不是最佳的办法。

威胁鱼类生命的杀虫剂有三类。如上所述，第一类与林区喷药有关，也与北部森林中洄游的鱼类有关，几乎完全是DDT造成的。第二类是大量不断蔓延、四处扩散的毒药，它们对许多不同种类的鱼造成威胁，如鲈鱼、翻车鱼、印鱼、鲤鱼等，它们生活在美国各地的各种水体中。这类杀虫剂几乎囊括了全部应用于农业的杀虫剂，但只有一部分能被检验出来，如异狄氏剂、毒杀芬、狄氏剂、七氯等。最后一类我们必须现在就开始考虑：未来会有什么事情发生？揭露真相的研究工作才刚刚开始，我们无法确定，但它一定与盐沼、海湾和河口中的鱼类有关。

新型有机杀虫剂不断广泛地投入使用，鱼类的毁灭是无法避免的。鱼类对氯化烃相当敏感，而近代杀虫剂几乎都含有氯化烃。当几百万吨化学毒剂被喷洒到地表时，它们将会通过各种方式加入陆地和海洋间永无休止的水循

环中。

鱼类被毒死的报告已经屡见不鲜了，美国公共卫生署只好指派专人去各州搜集这类报告，用来作为判断水是否受到污染的指标。

这个问题牵扯甚广。在美国，约有2 500万人以钓鱼为乐，还有至少1 500万人偶尔会去钓钓鱼。每年，这些人在执照、小船、帐篷装备、汽油和住宿上花费的钱可达30亿美元。其他一些使人们失去娱乐场地的问题会使经济利益遭到巨大损失。商业性渔业经济效益巨大，更重要的是，鱼还是人类的重要食物来源。内陆和沿海渔民（含海上捕鱼者）每年至少可捕获30亿磅鱼。然而正如我们所知，杀虫剂严重污染了小溪、池塘、江河和海湾，这给专业的和非专业的捕鱼活动都造成了严重威胁。

农业用药毁灭鱼类的例子比比皆是。在加利福尼亚州，人们为了控制一种稻叶害虫而使用狄氏剂，结果直接损失了近60 000条可供垂钓的鱼，其中以蓝鳃鱼和翻车鱼为主。在路易斯安那州，人们在甘蔗田中喷洒了异狄氏剂，结果仅1960年，大量鱼类死亡的事件就有30多起。在宾夕法尼亚，人们使用了异狄氏剂去消灭果园中的老鼠，结果也杀死了大量的鱼。在西部高原，人们使用氯丹对付蚱蜢，结果却毒死了溪流中大量的鱼。

没有哪个计划的规模能赶得上美国南部进行的一个农业计划了。为了对付火蚁，几百万英亩的土地都被喷洒了农药。这次计划使用的农药主要是七氯，对鱼类而言，它的毒性稍弱于DDT。还有一种可以毒死火蚁的药品，它就是狄氏剂，它对所有水生生物都能造成极大侵害。而异狄氏剂和毒杀芬会给鱼类带来更大威胁。

对付火蚁，不论是喷洒七氯还是狄氏剂，都给当地水生生物造成了毁灭性的影响。在那些专门研究危害后果的生物学家所写出的报告中，我们只需摘取只言片语就能窥见端倪。得克萨斯州的报告中称，"尽管我们竭力保护河流，但水生生物还是伤亡惨重""在所有喷药的水域中，都有死鱼出现""连续三周多，鱼类一直在大量死亡"；亚拉巴马州报告说"（威尔考克斯郡）刚喷药没过几天，大部分成年鱼就都死掉了""季节性水域和小支流中的鱼类几乎全部灭绝了"。

路易斯安那州的农场主抱怨说，他们的农场池塘损失严重。而在一条运河里，人们在不到0.25英里的河段中，就发现了至少500条死鱼，它们不是漂在水面，就是躺在岸边。另一个教区里被发现有150条死掉的翻车鱼，也就是说1/4的翻车鱼都死了。而其他鱼类，几乎全部灭绝了。

人们在佛罗里达州喷药区的池塘中捞出一些鱼，经检测，这些鱼体内含有七氯和次生化学物质氧化七氯。其中包括钓鱼人喜爱的翻车鱼和鲈鱼，而这两种鱼经常会出现在我们的餐桌上。食品与药品管理局认为，七氯和氧化七氯都会在进入人体后短时间内造成极大危险。

关于鱼、青蛙和其他水中生物被毒死的报告非常多，因此1958年，一个专门研究鱼、爬虫和两栖动物的权威组织——美国鱼类学家和爬虫学家协会通过了一项决议，呼吁农业部及相关部门"在无法挽回的侵害未出现之前，应马上停止区域性喷洒七氯、狄氏剂及其他同类毒剂"。该协会强调，要尤其关注美国东南部的各种鱼类和其他生物，包括当地的独有物种。该协会警告说，"这些动物有许多只能在这个小区域内存活，所以会被迅速而彻底地毁灭"。

南部各州的鱼类被用于对付棉花昆虫的杀虫剂严重侵害。1950年夏季，亚拉巴马州北部产棉区遭遇虫灾。此前，为了对付象鼻虫，人们对于杀虫剂的使用一直十分有节制。可是，接连几个冬天的暖和气候导致象鼻虫在1950年大肆泛滥，因此有80%至95%的农夫都在本地药品销售商的鼓动下选择了使用杀虫剂。毒杀芬是使用最为广泛的化学药物，而它对鱼类的杀伤力相当之强。

当年夏季，降雨量充沛且集中，化学药物被冲进河中；农夫为了不使药效减弱，就在田地里喷洒了更多的药物。于是在一年中，每英亩农田毒杀芬的平均喷洒量可达63磅，药量较高的地方每英亩可达200磅之多；甚至有一

个农夫在一英亩的地里喷洒了超过0.25吨的杀虫剂，结果可想而知。

富林特河在流入惠勒水库前，在亚拉巴马州产棉区的流程可达50英里，所以在富林特河中发生的情况成了当地的典型事件。8月1日，富林特河降下倾盆大雨，雨水起初是涓涓细流，随后汇成小河，最后像洪水一样从土地上奔流入河。富林特河水面上涨了6英寸。从次日清晨看到的现象可以判断，除了雨水之外，还有别的东西进入了河中。鱼儿在水面上盲目地兜圈，有时它们会从水里跳到岸上，因而捕捉非常容易。一个农夫捡到几条鱼，放进了泉水池中。在洁净的水里，一些鱼恢复过来了。而在河流中，人们整天都能看到死鱼顺流而下。但这一次的事件仅仅拉开了鱼类死亡的序幕而已，因为之后每次降雨，杀虫剂都会随雨水进入河流，杀死更多的鱼。8月10日的降雨后果尤其严重，鱼几乎全部死掉了。8月15日再次下雨时，也就没有什么鱼可以再被毒死了。不过，关于这次喷洒化学药物造成鱼类死亡的证据是后来通过实验证实的。研究者将金鱼笼放入河流，一天内金鱼全都死光了。

在富林特河中，备受钓鱼者喜爱的白色太阳鱼大量地死掉了。而在富林特河水注入的惠勒水库中，鲈鱼和翻车鱼也大量地死掉了。这些水域中其他所有的鱼类——鲤鱼、水牛鱼、鼓鱼、黄鲥和鲶鱼等也全都死掉了。死去的鱼并没有生病的迹象，只是在濒死时反常地运动，而且鳃上出现了奇怪的紫红色。

如果在温暖而封闭的农场池塘附近使用杀虫剂，那么池塘中的鱼很可能会死亡。正如许多例子证实的，毒药是随同雨水和周围土地的径流进入河中的。不仅如此，如果给农田喷药的飞行员飞过鱼塘上空而没有关上喷洒器的话，这些鱼塘也就直接接受了毒药。甚至不用如此复杂，正常的农业用药就会使鱼类受到大量化学药物的危害，而且剂量远远超过致死量。换句话来说，即便用药经费大量减少也难以改变这种情况，因为对鱼塘来说，每英亩0.1磅以上的使用量已经能产生危害了。毒剂一旦进入池塘就几乎无法消除。为了除掉不需要的银色小鱼，人们曾在一个池塘中使用了DDT，即便经过反复换水也无法清除这些毒药，最终导致94%的翻车鱼死掉了。不难猜出，毒药都沉积在池塘底部的淤泥中了。

与新型杀虫剂刚投入使用时的情况相比，显然，现在的情况好不到哪里去。1961年，俄克拉荷马州野生动物保护局宣称，此前对于农场鱼塘和小湖中鱼类受害的报告基本是每周一次，现在却越来越频繁。对农作物喷药后立即下一场暴雨，毒药就被雨水带入池塘。多年来，这种情况对俄克拉荷马州反复造成损失，人们已屡见不鲜了。

在世界上的一些地方，塘鱼是人们不可或缺的食物。但是，由于忽视对鱼类造成的影响而使用杀虫剂，就会立刻引发问题！例如，在津巴布韦，卡菲鱼是一种重要的食用鱼，可是在使用了浓度仅为0.04PPM的DDT后，它们全被杀死了。而其他许多杀虫剂，即便剂量很小也能将它们杀死。这种鱼生活的浅水环境是蚊子滋生的理想地，要消灭蚊子，还要保护中非地区的食用鱼，这个问题至今没有得到妥善解决。

在菲律宾、中国、越南、泰国、印度尼西亚和印度，遮目鱼的养殖业遇到了类似问题。这些国家一般在浅水池塘中养殖它们。成群的遮目鱼的鱼苗会突然聚集在沿海的海水中，没有人知道它们来自什么地方，人们将它们捞起来放进池塘，它们就在池塘里长大。对于几百万东南亚和印度的以大米为食的人来说，这种鱼富含动物蛋白，是一种非常重要的食物，因此太平洋科学代表大会建议在全球范围内搜寻这种鱼的产卵地，以大规模养殖这种鱼。但是，喷洒杀虫剂已使蓄养池遭受了巨大损失。在菲律宾，人们为了消灭蚊子而进行区域性喷药，鱼塘主人们为此付出了惨重的代价。喷药飞机光顾了一个养有120 000条遮目鱼的池塘后，池塘里的鱼死了一半以上，即便养鱼者努力往池塘注水以稀释毒素，也没什么作用。

1961年，近年来最严重的一次鱼类死亡事件发生在得克萨斯州奥斯汀市的科罗里达河下游。1月15日，一个星期日的清晨，奥斯汀新唐湖和该湖下游约5英里范围内的河面上突然出现了死鱼。而在此之前，这种现象从未出

现过。到了星期一，下游约50英里处也报告称发现了死鱼。这就再清楚不过了——有毒药物正顺着河流向下游扩散。到了1月21日，在下游约100英里、临近拉格朗吉的河段内，也发现有鱼被毒死了。而过了一周之后，毒素已经扩散至下游200英里处。在1月的最后一周，为了防止有毒的河水进入马塔戈达湾，近岸河道的水闸都被关闭了，最后带毒的河水被引入墨西哥湾。

其实，奥斯汀的调查人员在调查时就闻到了杀虫剂氯丹和毒杀芬的味道。这种气味在一个下水道的污水里异常强烈。过去，这个下水道因为排放工业废物多次引发事故；当得克萨斯州渔猎管理局的官员循着管道寻找源头时，就觉察到一股六氯联苯的气味，气味是从一个遥远的化学工厂飘过来的。该工厂主要生产DDT、六氯联苯、氯丹和毒杀芬，以及一些少量的、其他种类的杀虫剂。近来，大量杀虫剂被冲进下水道；更为甚者，他们承认过去10年中，他们一直就是这样处理杀虫剂的废料和溢流的。

经过深入研究，渔猎管理局的官员发现，雨水和生活废水也会将其他工厂的废水冲进下水道。然而，另一个发现补上了整个连锁反应的最后一环：在整个河段毒性显露的前几天，几百万加仑的高压水强力冲洗了下水道。毫无疑问，这种激烈的水流将砾石、沙和瓦块沉积物中沉积的杀虫剂全部冲洗出来，带入河中；而河流中的化学毒物后来又被人们所做的化学实验检测出来。

当大量的致命毒物随着科罗拉多河顺流而下时，死亡也随之而来。该河下游140英里河段内的鱼几乎全死掉了，因为人们曾用大网捞了一遍，什么活着的鱼都没有捞到。死去的鱼一共有27种，每英里河段死鱼大约有1 000磅。这条河主要出产一种带斑点的叉尾鲶鱼，还有蓝色扁头鲶鱼、大头鱼、翻车鱼（四种）、小银鱼、鲦鱼、石磔鱼、大嘴鲈鱼、鲻鱼、胭脂鱼、鲤鱼、饮鱼；还有黄鳝、雀鳝、河吸盘鲤、黄鱼和水牛鱼。所有这些鱼都在死亡之列。有一些在这条河中属于元老级别了，许多扁头鲶鱼的重量超过了25磅，从它们的个头大小可以判断它们的年龄一定很大了。据说，当地沿河居民还

有捡到重达60磅的，而据记载，曾有一条巨大的蓝鲶鱼重达84磅。该州渔猎管理局预言：即便进一步的污染不再出现，要使该河中鱼类的数量恢复到从前也要花费多年时间。有一些本区域独有的品种可能永久地灭绝了，而其他一般的鱼类也只能依靠人工养殖才能恢复了。

虽然人们知晓了奥斯汀鱼类的灾难，但事情并没有结束，能够确定的是，有毒的河水流过了200英里之后，对鱼类的杀伤力依旧很强。若这些有毒的河水进入了马塔戈达湾，那里的牡蛎产地和捕虾场就会遭受重大损失；于是有毒的河水又被引入了广阔的墨西哥湾。但在那里，毒药又会产生什么影响呢？或许还有从其他河流引来的、带着同样致命的毒药的河水吧？

目前，我们只能基于猜测去回答这些问题。但越来越多的人开始关注杀虫剂对河口、盐沼、海湾和其他沿海水体的影响，因为这些地区常有被人类污染了的河水注入，其中尤以喷洒农药以消灭蚊子最为常见。

在所有案例中，能够生动地证实农药对盐沼、河口和所有宁静海湾中生命的影响的，除了发生在佛罗里达州东海岸的印第安河沿岸乡村的事件，就再没有其他更好的了。1955年春季，为了消灭沙蝇幼虫，那里的圣鲁斯郡用狄氏剂喷洒了约2 000英亩盐沼，用药剂量是每英亩1磅。对水生生物来说，这可真是一场大灾难。州卫生部昆虫研究中心的科学家们对这次喷药造成的影响进行了考察，他们报告称，鱼类"极其彻底"地死掉了。海岸上死鱼遍布。科学家们从空中可以看到，有许多鲨鱼被水中垂死的鱼儿吸引过来。所有鱼类无一幸免，包括鲻鱼、锯盖鱼、银鲈和食蚊鱼。

除了印第安河沿岸之外，整个沼泽区的死鱼总重量达20至30吨，或约1 175 000条，30种以上（调查队成员R.W.哈林顿和W.L.彼得林梅尔等报告）。

软体动物似乎并未受到狄氏剂侵害。甲壳类动物被全部消灭。水生蟹种群被彻底消灭，招潮蟹几乎全部死亡，幸存的仅在明显漏掉喷药的小块沼泽地中暂时存活。

较大的垂钓鱼和食用鱼最先死去……蟹吞食了腐烂的鱼肉后，第二天也都死掉了。蜗牛狼吞虎咽地连续吞食死鱼，两周之后，死鱼就全部消失了。

H.R.米尔斯博士在考察了佛罗里达州对岸的坦帕湾后描绘了同样一幅悲惨的图画。国家在含威士忌湾在内的那片地区，奥杜邦学会设立了一个海鸟禁猎区。而相当讽刺的是，在当地卫生部门发动了一场消灭盐沼地蚊子的战役后，该禁猎区就荒芜了，鱼蟹又成了无辜的牺牲品。招潮蟹体型小巧，长着精美的外壳，当它们大群地爬过泥地或沙地时，就像牧人的牛群一样。如今，它们不能抵御药物的侵袭了。那年的夏秋两季，人们喷洒了大量农药（某些地区可达16次之多）后，米尔斯博士对招潮蟹的情况进行了调查："这一次，招潮蟹数量明显减少了。在这一天（10月12日）的季节和气候条件下，往年本该有100 000只招潮蟹，但在海滨实际上见到的不到100只，而且多是死的或是生病的，它们颤抖着，抽搐着，拖着沉重的脚步爬行着；而在附近未喷药的地区中，招潮蟹的数量依然很多。"

招潮蟹在其所处的生态系统中，有着极为重要的作用，它们是许多动物的重要食物来源。海岸上的浣熊以它们为食，长嘴秧鸡和其他一些海鸟也将它们作为主要食物。由于喷洒了DDT，新泽西州的一个盐化沼泽中笑鸥的数量在短短几周骤减了85%，因为喷药之后，这些鸟儿无法找到食物了。在其他方面，这些沼泽招潮蟹也有重要作用——它们随处挖洞，使得沼泽地的泥土通气，也为渔人提供了大量饵料。

在潮汐沼泽和河口中受到农药危害的动物，并不只有招潮蟹。一些对人类更为重要的生物同样受到了危害，比如，切萨皮克湾和大西洋海岸其他地区中著名的蓝蟹。蓝蟹对杀虫剂异常敏感，人们每一次在潮汐沼泽、小海湾、沟渠和池塘中的喷药行为都会杀死许多蓝蟹。当地的蟹，以及其他从海洋来到喷药地区的蟹，全都中毒而死。有时候，中毒是间接发生的，如在印第安河畔的沼泽地中，那里的蟹像清道夫一样吃掉了所有死鱼，但很快，它们也中毒死掉了。龙虾的受害情况人们知之甚少，但它们与蓝蟹同属节肢动物一

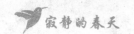

科，它们的生理特征在本质上是相同的，所以极有可能会遭到同样危害。可作为人类食物、具有重要经济价值的蟹和其他甲壳类动物，也面临着同样的问题。

海湾、海峡、河口、潮汐沼泽等近岸水域，形成了一个相当重要的生态群落。这些水域与鱼类、软体动物、甲壳动物有着非常密切的关系，所以当这些水域不再适合它们居住时，我们的餐桌上就再也不会出现这些海味了。

即便是广泛分布于沿海水域的鱼类，它们中也有许多在产卵和养育幼鱼方面都依赖于那些受到保护的近岸水域。佛罗里达州西岸大约1/3的低地中，许多河流蜿蜒环绕于红树林之下，而数不清的海鲢幼鱼就生活其中。在大西洋海岸，有一条堤岸像一条保护带一样横亘在纽约南岸大部分地区的外围，而海鳟、白花鱼、石首鱼和鼓鱼就在岛和"堤岸"间的海湾浅滩上产卵。这些鱼类孵出的幼鱼会随着潮水穿过这个海湾，在许多海湾和海峡——克里塔克湾、帕姆利科湾、博格海峡等，幼鱼找到了充足的食物，并快速长大。如果没有这些温暖的、受到保护的、食物富足的育苗区，想要使各种鱼类种群得到繁衍是办不到的。可我们正在放任农药通过河流或直接喷洒在海边沼地而进入海水。而相对于成年鱼来说，幼鱼更容易中毒。

另外，近海岸水域还是幼虾赖以生存的觅食区。在大西洋南部和墨西哥湾，数量丰富而又分布广泛的虾类成了各州渔民的主要捕捞对象。虽然虾一般在海中产卵，但幼虾在几周大时会游到河口和海湾，在那儿经历蜕皮和成长。从五六月份到秋季，它们一直待在那儿，以水底碎屑为食。在幼虾生活在近岸水域期间，它们是否安全，以及捕虾业的经济收益如何，全都要看河口的水质环境如何了。

农药是否会威胁捕虾业和虾类的市场供应呢？商业捕鱼局最近做了一个实验，这个实验也许能给出答案。实验发现，刚刚度过幼年期的食用虾对杀虫剂的抵抗力极低——一般来说抗药性是用百万分之几的标准来衡量的，而这些虾的抗药性却是用十亿分之几来衡量。在实验中，浓度为0.015PPM的狄氏剂能杀死一半的幼虾。其他化学药物的毒性更强，异狄氏剂最甚，0.000 5PPM的剂量就能杀死一半幼虾。

对牡蛎和蛤来说，它们的幼体十分脆弱，所以这种威胁更加严重。这些贝类一般栖居在海湾、海峡的底部，从新英格兰到得克萨斯的潮汐河流中，以及太平洋沿岸的保护区都能见到它们。虽然成年贝类会定居下来不再迁移，但它们会将卵子散布到海水中。只消几周，幼体便可自由运动了。在夏季，一张拖在船后的细眼网可以捕捞到这些极细小、像玻璃一样脆弱的牡蛎和蛤的幼体，以及其他浮游生物。它们跟一粒灰尘差不多大，透明的，浮在水面游动，以微小的浮游生物为食；如果这些浮游生物没有了，它们就得饿死。而农药可以杀死大量浮游生物。一些常用于草坪、田地、路边，甚至海岸沼泽的除草剂，只要有十亿分之几的剂量，就能使这些贝类的幼体致死。

各种极微量的常用杀虫剂杀死了贝类娇弱的幼体。即便接触了浓度不足致死的杀虫剂，它们最后也会死掉，因为它们的生长遭到了不可避免的阻滞，这会使它们生活在致毒的浮游生物环境中的时间加长，所以它们长成的机会就减少了许多。

看起来，农药造成成年软体动物直接中毒的概率要小得多，但这也并不保险。毒素会在牡蛎和蛤的消化器官及其他组织中积累，人们吃各种贝类时一般是将它们全吃下去，有时还会生吃。商业捕鱼局的菲利浦·巴特勒博士指出，我们人类与知更鸟的处境相似。他提醒我们，知更鸟的灭绝并非因为DDT造成的直接中毒，而是因为吃了有毒的蚯蚓。

为对付昆虫而使用农药的后果显而易见，它使一些河流和池塘中的鱼类或贝类突然成千上万地死亡。虽然这类悲惨事件足以令人震惊，但那些隐性的、人们无从知晓的和无法估量的影响却更具毁灭性。这些事件充满了谜题，但至今我们还没找到令人满意的答案。众所周知，从农场和森林中流出来的水混合着农药，这些农药正在被带入海洋。而这些农药的总量有多少，我们还不知道；它们一旦进入海洋，我们目前还没有一种可行的检测方法在高度

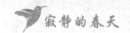

稀释的水体中测出它们是哪种毒药。虽然，这些化学物质在长久的迁移过程中肯定发生了变化，但最终的产物毒性是更强了还是更弱了，我们也无从得知。化学物质间的相互作用问题，是另一个我们从未探究的领域，鉴于毒药进入海洋后会与很多的无机物发生化学作用，这个问题的急迫性就可想而知了。我们迫切得到这些问题的正确回答，可是相关的经费却少得可怜，我们无法通过广泛的研究找到答案。

淡水和海洋的渔业是一项非常重要的资源，它关系着许多人的收入和福利。但毋庸置疑，这一资源目前已受到化学物质的严重威胁。要是我们能把每年花费在研制毒性更强的农药上的极小部分钱投入到上述研究工作中，我们就能找到更多毒性较弱的办法，而且能把毒药从我们的河流中清除。公众何时才能充分认清现实，去采取这样的行动呢？

第十章　灾难从天而降

最初，人们只是小范围地在农田和森林上空喷药，可是现在喷药的范围一直在扩大，用药量也在不断增加。正如一位英国生态学家最近所描述的，现在的喷药已变成了一种"落在地表的死亡之雨"。对于这些化学药物，我们的态度已稍有改变。这些化学药物曾经装在标有死亡危险标记的容器里，就算我们偶尔取用也要格外小心，我们知道它们的用途仅限于杀死那些既定对象，而不应让其他任何东西接触。但是，新型有机杀虫剂不断问世，再加上第二次世界大战后飞机过剩，所以谨慎用药的原则被人们忘得一干二净。虽然现如今的毒药杀伤力超过了过去使用的任何毒药，但令人震惊的是，人们却肆意地将它们一股脑儿从天空倾洒到地面，毫无目标。在喷药地区，不单单是人们要消灭的昆虫和植物尝到了毒药的厉害，其他生物，包括人类自身也尝到了毒药的恶果。不单单是森林和耕地被喷洒了药物，就连乡镇和城市也是如此。

从高空对几百万英亩土地喷洒有毒化学药物，使许多人忧惧不安。20世纪50年代末期，为了消除东北各州的舞毒蛾和美国南部的火蚁的两次大规模喷药运动更加重了人们的忧惧。舞毒蛾和火蚁都并非当地土生土长的物种，

但在美国"定居"多年，并没有造成多大灾害，因此我们也没必要对付它们。然而，在农业害虫防治部门长期以来的"为达目的不择手段"的思想指导下，人们突然对它们发起了进攻。

消灭舞毒蛾的行动表明，忽视局部的、有节制的控制计划，而采用草率的、大规模的喷药，损失将会多么巨大。消灭火蚁的计划是小题大做的典型案例——人们在不清楚消灭害虫所需药物的科学剂量的情况下，就鲁莽地行动了。结果，两个计划都没有达到预期目的。

舞毒蛾的原生地是欧洲，在美国已存在近100年了。1869年，法国科学家奥波德·特罗维特将自己的实验室设立在马萨诸塞州梅德福市，偶然有一天，几只舞毒蛾从他的实验室里飞走了，而当时他正在尝试这种蛾与蚕蛾的杂交实验。后来，这种蛾逐渐地在新英格兰扩散开来。风是舞毒蛾得以快速扩展的首要原因，因为它在幼虫（或毛虫）阶段非常轻盈，乘着风可以飞得很快很远。此外，植物的转运是另一个原因。植物上带有大量蛾卵，使得舞毒蛾得以过冬。每年春天都有好几个星期，舞毒蛾的幼虫一直在损害橡树和其他硬木的叶子，如今它们已经遍及新英格兰，在新泽西州也会偶尔出现。它是1911年从荷兰进口云杉而被带入美国的。在密歇根州也发现了这种蛾，不过它是如何进入该州的，人们尚未搞清楚。1938年，新英格兰的飓风为宾夕法尼亚州和纽约州带来了这种蛾，不过阿迪朗达克山脉阻挡了这种蛾的西行，因为这里生长的树木不合舞毒蛾的味口。

人们用了各种手段将舞毒蛾成功地限制在了美国东北部。在它们进入美国之后的近100年中，人们一直担心它会入侵阿巴拉契亚山脉南部大面积的硬木森林，但事实证明，这种担心是多余的。从国外引进的13种寄生虫和捕食性生物，已经在新英格兰地区蓬勃地发展起来了。农业部对引进计划非常认可，确信它们有效地降低了舞毒蛾肆虐的频率和危害。这种自然控制，外加检疫手段和局部喷药效果显著。1955年农业部称这些措施"有效地限制了害虫的扩散和危害"。

可是仅过了一年，农业害虫防治部门又实施了一项新计划。该计划宣称要彻底"扑灭"舞毒蛾，于是在一年中，几百万英亩的土地都被喷洒了药物（"扑灭"是指在害虫分布区域彻底根除某种害虫。然而，新的计划连连失败，农业部不得不在同一地区多次使用"扑灭"一词）。

对于消灭舞毒蛾的化学战争，农业部一开始时信心满满。1956年，宾夕法尼亚州、新泽西州、密歇根州、纽约州的几乎100万英亩土地都被喷了药，喷药区的人们纷纷抱怨药品造成的严重危害。随着大面积喷药模式的确定，环保主义者越来越担忧了。1957年，当农业部宣布要对300万英亩土地喷药时，反对的声音更加强烈了。州和联邦的农业官员总是耸耸肩，认为反对者只是大惊小怪而已。

1957年，长岛区被划入喷药区域，该地人口众多的城镇和郊区，以及被盐化沼泽包围着的海岸区都涵盖其中。在纽约州，长岛的纳苏郡是除了纽约市之外人口最多的郡。这一喷药计划的正当借口是"纽约市被舞毒蛾威胁"，真是荒谬至极。作为一种森林昆虫，舞毒蛾自然不可能在城市里生存，更不可能在草地、田地、花园和沼泽中生存了。可是1957年，美国农业部和纽约州农业与商业部还是雇用了飞机，从高空喷洒了DDT。菜地、奶牛场、鱼塘和盐沼都被喷洒了DDT。飞机飞到郊区时，一个家庭妇女正在全力遮盖她的花园，她的衣裳都被药水打湿了。正在玩耍的孩子和火车站乘客的身上也被洒上了杀虫剂。在赛特克特，一匹优秀的赛马正在水槽边喝水，结果因为水槽的水被飞机喷了药，10小时之后就死了。汽车被这些油类混合物喷得斑斑渍渍，花儿和灌木都枯萎了，鸟、鱼、蟹和许多益虫也死掉了。

在世界著名鸟类学家罗伯特·库什曼·墨菲的带领下，一群长岛市民曾到法院起诉，要求停止1957年制定的喷药计划。但最初的诉讼被法院驳回了，抗议的市民只好忍受DDT继续喷洒。不过，他们一直坚持上诉，要求对喷药实施永久禁令，然而由于喷药计划已经开始实施，法院判定市民的请求"没有实际意义"。案件一直上诉至最高法院，但最高法院拒绝审理。律师威

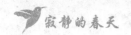

廉·道格拉斯对法院的做法强烈不满，他表示"许多专家和官员都对DDT的危险性发出了警告，说明这个案子对民众的至关重要"。

长岛市民提起的诉讼，至少使公众开始关注杀虫剂大规模使用的问题，以及昆虫防治部门对民众个人财产权利的无视和侵犯。

在消灭舞毒蛾的过程中，人们意外地发现，牛奶和农产品也被化学药品污染了。纽约州维斯切斯特郡北部的沃勒农场200英亩土地上发生的事件就是一个典型案例。沃勒夫人曾特别要求不要对她的农场喷药，但对森林喷药时根本无法避开农场。她曾提出，可以对农场的土地进行检查，如果发现舞毒蛾就点状喷药来处理。虽然官员们向她做了保证，但她的土地还是遭到两次直接喷药，以及两次飘来的药物的影响。取自沃勒农场的纯种格恩西奶牛的牛奶样品显示，喷药48小时后，牛奶中就含有浓度为14%的DDT。田野上取来的草料样品同样遭到了污染。尽管当地卫生局知道此事，但并没有禁止牛奶进入市场销售。这是消费者缺乏保护的典型案例，但类似的情况太普遍了。食品与药品管理局明令禁止含有杀虫剂的牛奶出售，但这一指示并未得到严格执行，而且这个禁令仅限于州际之间交换的货物。州和郡的官员没有必要遵守联邦政府制定的农药标准，除非当地的法律和联邦法律一致。

蔬菜种植园同样损失惨重，一些蔬菜的叶子上窟窿和斑点遍布，根本无法售卖。蔬菜中含有大量毒素。科内尔大学农业实验站分析了一个豌豆样品，发现其DDT的含量可达14PPM至20PPM，而被允许的最高值是7PPM。因此，一些种植者不得不承受巨大的经济损失，一些明知蔬菜毒素超标依然继续贩卖，还有一些人申请到了赔偿。

随着DDT越来越多地在空中喷洒，法院接到的诉讼也越来越多，其中就有一些来自纽约州某些区域的养蜂人。在1957年喷药计划进行之前，养蜂人甚至就已遭受到果园中使用DDT所带来的威胁。一位养蜂人痛苦地说："在1953年以前，我一直认为美国农业部和农业学院的每一项政策都是无比正确的。"但是在那年5月，这个养蜂人损失了800个蜂群。在该州大面积用药之后，养蜂人普遍遭受了严重的损失，所以另外14个养蜂人和他一起起诉州政府，要求赔偿25万美元。由于1957年的喷药而损失了400个群蜂的另一位养蜂人报告说，一片林区的工蜂——蜜蜂的野外工作力量，负责采集花蜜和花粉，已经全部被杀死，而在喷药较轻的农场，工蜂也死掉了50%。"在5月份进入院子里，却听不到蜜蜂的嗡嗡声，真的十分令人沮丧。"他写道。

对付舞毒蛾的喷药计划充斥着各种不负责任的行为。由于喷药佣金是根据喷药量多少来计算，而不是根据喷洒的亩数，所以飞行员没有必要节约农药，以至于许多土地被不止一次地喷药。在不止一个案例中，空中喷药的合同被州外的公司拿下，所以它没有按照规定去州政府注册以明确相关法律责任。在这样一种非常微妙的情况下，那些遭受直接经济损失的苹果园主和养蜂人，根本不知道该去控告谁。

经过1957年的灾难后，喷药计划很快萎缩了，相关部门发表了一个含糊其词的声明，称要"评估"以往的工作并测试其他杀虫剂。1957年的喷药面积可达350万英亩，1958年减少到50万英亩，1959、1960和1961年又都降至10万英亩。在此期间，害虫防治部门一定对来自长岛的消息感到非常尴尬——舞毒蛾卷土重来且数量庞大。昂贵的喷药计划原本是要永远消灭舞毒蛾，结果却适得其反，使农业部失去了公信力。

没过多久，害虫防治部门似乎将舞毒蛾的事抛之脑后了，因为一个更加宏大的计划在南部开始实施了。"扑灭"一词又一次轻而易举地出现在农业部的文件中，这一次散发的新闻稿宣称要扑灭火蚁。

火蚁，因其火红的刺毛而得名，从南美洲经由亚拉巴马州的莫比尔港进入美国。第一次世界大战以后，人们很快就在莫比尔港发现了火蚁。到了1928年，火蚁蔓延到了莫比尔港的郊区，随后它继续扩张，如今已进入南部大多数州郡。

火蚁进入美国的40多年中，一直未能引起人们的关注。它们仅仅因为建立了巨大的、高一英尺多的土丘窝巢，才在数量最多的州里，被视为一种令

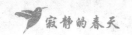

人讨厌的昆虫。它们的窝巢会妨碍农业机械的运作，但也只有两个州将其视为20种重要害虫之一，而且它们排在末尾。如此看来，不论官方还是个人，都不曾将火蚁视作农作物和牲畜的威胁。随着超强杀伤力的化学药物的问世，官方对于火蚁的态度陡然转变。1957年，美国农业部发起了历史上最著名的宣传行动。火蚁突然成了政府宣传册、影片和各种激动人心的故事联合攻击的对象，它们在这次宣传活动中被描绘成南部农业的掠夺者和杀死鸟类、牲畜和人类的罪魁祸首。

一个大规模的行动即将开展——联邦政府将与深受其害的南方9个州合作，对2 000万英亩土地喷洒农药。1958年，当扑灭火蚁的计划正在如火如荼地开展时，一家商业杂志兴冲冲地报道说："随着美国农业部大规模的灭虫计划不断增加，美国的农药制造商走上了一条发家致富的道路。"

除了在农药销售热潮中发家致富的人，所有人都在痛骂这项喷药计划。这是一个想法拙劣、执行力糟糕、危害巨大的举动。它花费巨大、毁灭生命、令农业部公信尽失，可是还有源源不断的资金投入其中，这很让人费解。

最初，这一系列不被人们所信服的主张居然获得了国会的支持。火蚁被描述成南方农业的重大威胁，毁坏庄稼、侵害在地面上筑巢的幼鸟都成了它们的恶行，就连它的刺也被认为严重威胁人类健康。

这些说法听起来如何呢？想得到拨款的农业部观察员所做的声明与农业部重要文件的内容并不一致。1957年的公报《杀虫剂介绍通报》上并没有提及火蚁。如果这个公报确实是农业部出的，那么这个"遗漏"就太令人吃惊了；此外，农业部1952年专门刊载的关于昆虫的百科年鉴，一共50万字，却只有一小段提到了火蚁。

针对农业部宣称火蚁毁坏庄稼并伤害牲畜的言论，亚拉巴马州农业实验站进行了仔细研究后得出了相反的看法。火蚁"很少危害庄稼"，亚拉巴马州的科学家说。艾兰特博士是亚拉巴马州工学院的昆虫学家，在1961年他还担任美国昆虫学会主席。"在过去5年中，他们从未收到过任何有关火蚁危害植物的报告……也从未观察到它们对牲畜造成了什么危害。"从事野外和实验室观察火蚁的人称，火蚁以其他各种昆虫为食，而且这些昆虫一般都对人有害。有人曾观察到，火蚁会吃掉棉花上的象鼻虫幼虫。而且，火蚁的筑巢活动利于土壤通气、排水。密西西比州立大学经过考察，证实了亚拉巴马州的这些研究。

这些研究成果比农业部的证据更具说服力。显然，农业部提供的证据要么来源于陈旧的研究资料，要么是通过对农民口头访问所得，而农民并非专业研究者，他们很容易将火蚁和另外一种蚂蚁搞混。某些昆虫学家认为，随着火蚁数量的增多，它们的嗜食习性已经发生变化，所以几十年的研究资料早已失去参考价值了。

火蚁威胁人类健康和生命的观点必须修正了。在一部由农业部赞助的宣传电影（意在为喷药计划争取支持）中，围绕着火蚁的刺拍摄了一些恐怖的镜头。这种刺当然非常讨厌，人们被再三提醒要像躲开黄蜂或蜜蜂的刺一样避免被它刺中。个别比较敏感的人可能会出现严重的反应，医学文献曾记载过一个人可能是因为火蚁的毒液而丧了命，但这一点尚未被证实。据人口统计办公室报告，因为被蜜蜂和黄蜂蜇刺而死去的人仅在1959年就有33个，但似乎没有一个人提出要"扑灭"它们。当地的证据最能令人信服。虽然火蚁在亚拉巴马州已存在约40年了，并且数量众多，但当地卫生官员表示，"本州从来没有收到任何因火蚁叮咬而致人死亡的报告"。并且他们认为，因火蚁叮咬而引发疾病的案例也是"偶发性的"。火蚁在草坪和游戏场地筑巢，孩子们可能会被叮咬，不过这似乎不能成为一种给几百万英亩的土地喷洒毒药的借口。只要清除掉这些窝巢，就能轻易解决这个问题。

火蚁危害鸟类的言论也非常武断。对于这个问题，亚拉巴马州奥本市野生动物研究中心的主任莫里斯·F.贝克博士当然最有发言权，他在该地区已经工作多年，经验非常丰富。贝克博士的观点与农业部截然不同，他说："在亚拉巴马州南部和佛罗里达州西北部，我们可以见到很多鸟类，并且美洲鹑

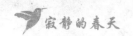

能与大量火蚁共存。火蚁在亚拉巴马南部已存在了约40年，这里的鸟类数量一直比较稳定，并且有所增长。如果说火蚁真的严重威胁野生动物的话，这种情况绝不会出现。"

消除火蚁的行动给野生动物带来了什么样的灾难呢？这是另外一个问题了。人们在行动中使用的是相对比较新的药物，即狄氏剂和七氯。对于这两种药物，人们的应用经验很少，当大规模使用时，没有人知道它们将对野生鸟类、鱼类及哺乳动物造成什么样的危害。然而，这两种毒药的杀伤力强于DDT很多倍，是人们已知的。人们已经使用DDT大约10年了，即使以每英亩1磅的比例来使用，也会使许多鸟类和鱼类致死；而狄氏剂和七氯的用量更多——在一般情况下，每英亩可达2磅。如果恰好有白边甲虫要消灭的话，每英亩狄氏剂的用量可达3磅。如果按照它们对鸟类的毒效来换算，每英亩规定使用的七氯相当于20磅DDT，而每英亩规定使用的狄氏剂则相当于120磅DDT。

该州大多数自然保护部门、国家自然保护局、生态学家和一些昆虫学家都发出了紧急抗议，他们要求时任农业部部长的伊思拉·本森推迟该计划，至少等到确定七氯和狄氏剂对野生及家养动物的影响作用以及控制火蚁所需的最低剂量的一些研究做完之后。但农业部完全忽视这些抗议，并于1958年开始执行喷药计划。第一年，被喷药的土地达100万英亩。显然，在这种情况下，任何研究工作都无济于事了。

随着该计划不断实施，州和联邦野生动物局，以及一些大学所做的研究工作逐步揭示了真相。研究表明，在某些喷药地区，野生动物遭到了不同程度的威胁，有的甚至遭到灭绝。家禽、牲畜和宠物也都被毒死了。农业部以"夸大"和容易"误导"民众为由，将所有遭受毒害的证据全部抹去。然而，真相还是不能被掩盖。在得克萨斯州哈丁郡，负鼠、犰狳和大量浣熊在喷洒农药之后几乎全部消失。甚至到了第二年秋季，这些动物依然杳无踪迹。被发现的极少数浣熊，体内都携带了农药残毒。

喷药地区的死鸟一定吞食了用于消灭火蚁的毒药，经过对鸟类机体组织的检测分析，这一猜测得到证实（唯一幸存的鸟类是麻雀，其他地区有证据表明，这种鸟可能抵抗力较强）。1959年，亚拉巴马州的一个被喷过药的开阔地上，有一半的鸟死掉了，那些生活在地面或低矮植被中的鸟全都死了。喷药一年后，这里仍然没有任何鸣禽，大片鸟类筑巢的地区变得寂静无声，春天再也听不到鸟儿的啼叫了。在得克萨斯州，许多燕八哥、美洲雀和草地鹨被发现死在窝边，废弃的鸟窝也非常多。从得克萨斯州、路易斯安那州、亚拉巴马州、佐治亚州和佛罗里达州收集的死鸟尸体被送到美国鱼类及野生动物管理局进行检测分析，结果发现90%的死鸟体内都携带狄氏剂和一种七氯的残毒，浓度高达38PPM。

如今，冬季在路易斯安那州北部觅食的丘鹬，体内也携带有人们为对付火蚁而喷洒的毒物。毒药的来源再清楚不过了，丘鹬一般用细长的喙觅食，主要食用土壤中的蚯蚓。在路易斯安那州喷药6至10个月后，土壤中幸存的蚯蚓体内的七氯含量可达20PPM，一年后，毒药残留依然在10PPM以上。丘鹬中毒致死的后果已经在幼鸟和成鸟的比例变化上体现出来，人们在对付火蚁的那一季中，就首次注意到了这一明显变化。

与美洲鹑相关的一些消息使南方狩猎者极为担忧。在喷药区，这种在地面筑巢、觅食的鸟儿已经灭绝了。比如，在亚拉巴马州，野生动物联合研究中心实施了一次初步调查，研究人员在3 600英亩喷药土地上统计了鹌鹑的数量，该区域原本有13群、121只鹌鹑，但在喷药两周后，到处能见到死去的鹌鹑。所有被送到美国鱼类及野生动物管理局进行分析的死鸟体内，都携带有足以致死的农药剂量。发生在亚拉巴马州的情况，又在得克萨斯州再次上演。该州用七氯喷洒2 500英亩土地，结果所有的美洲鹑全部死了，其他鸣禽也死掉了90%。经分析检测，死鸟的体内依然存在着七氯。

因为人类扑灭火蚁的计划，不单是美洲鹑，就连野火鸡的数量也急剧减少了。在亚拉巴马州威尔科克斯郡的一个地区，喷洒七氯之前大约有80只野

火鸡，但喷药后的那个夏季，除了一堆堆尚未孵化的蛋和一只死去的幼雏外，一只火鸡也看不到了。家养火鸡的命运与野火鸡一样，在喷洒了药物的农场，火鸡很少有蛋孵出，更没有幼鸟存活。这种情况在邻近未喷药的地区并未出现。

并非只有火鸡命运悲惨。美国最为著名、最受人尊敬的野生动物学家之一——克莱伦斯·科台姆博士召集了一些土地被喷洒了药物的农民，这些农民说"所有树林小鸟"在喷药后几乎全部消失，大部分农民还说他们的牲口、家禽和宠物也死了。科台姆博士在报告中称，有一个农民"对喷药的人十分痛恨，他说自己的19头母牛均被毒死，他只好埋葬它们或用其他方法处理掉。此外，他还知道，另外还有三四头母牛死于这次药物行动。而且小牛犊仅仅因为出生后吃了母牛的奶，也死了"。

科台姆博士访谈的这些人都为土地喷药后几个月中发生的事情困惑不已。一个妇女告诉他说"在土地喷洒了药物之后，她的一些母鸡跑到了地里"，但不知为什么几乎没有小鸡孵出和存活。另外一个农民饲养了一些猪"在喷药后的9个月里，都没有小猪出生。小猪仔要么生下来就死了，要么生下后不久就死了"。还有一个养猪的农民，他说37胎原本有小猪250头，但活下来的只有31头。他的土地被喷药之后，连鸡也没法儿养了。

农业部坚决否认牲畜的死亡与扑灭火蚁的计划有任何联系。然而，佐治亚州班布里奇的兽医奥迪斯·波特维特博士却不这么认为，他本人曾被召集去处理受害动物，他的结论是它们都死于杀虫剂。消灭火蚁的药物喷洒后的两周至几个月期间，耕牛、山羊、马、鸡、鸟儿及其他野生动物患上了致命的神经系统疾病。这种疾病只在接触了被污染的食物或水的动物之中爆发，圈养的动物安然无恙。这种情况仅发生在喷药地区。研究这种疾病的实验室也对农业部的观点进行了反驳。权威著作中描述的狄氏剂或七氯中毒的症状与波特维特博士和其他兽医所观察到的症状完全相同。

波特维特博士还提到了一头两个月大的小牛犊七氯中毒的案例。研究人员对这头小牛犊进行了彻底的分析研究，结果发现它身体的脂肪里含有79PPM的七氯。这个案例发生在喷药5个月以后，这头小牛犊是通过吃草而中毒呢，还是喝了母牛的奶而中毒呢？波特维特博士质问道："如果七氯来自母牛的奶水，那么那些饮用当地牛奶的儿童是不是该采取什么特别措施来保护呢？"

波特维特博士在报告中提出了关于牛奶污染的重要议题——消灭火蚁的计划主要是针对田野和庄稼地喷药，这些乳牛又怎么会中毒呢？在洒了药的田野上，青草不可避免地被七氯污染，如果母牛将这些青草吃掉，那么七氯就会出现在牛奶中。早在火蚁计划开展之前的1955年，实验已经证实七氯能够直接进入牛奶。后来，狄氏剂也被证实能够直接进入牛奶，而消灭火蚁的计划中使用的毒药就有狄氏剂。

某些化学药物会使草料变得不再适合喂养产奶或产肉动物，而如今七氯和狄氏剂也被列入其中，这在农业部的年刊中可以看到。然而农业部门的害虫防治部门还是在南方的大片牧场喷洒了七氯和狄氏剂。谁能为消费者保证，牛奶中不存在狄氏剂和七氯？农业部的官员一定会毫不犹豫地说，他们已经建议农民将乳牛赶出喷药牧场30至90天。一般来说，农场大多都比较小，而喷洒药物规模如此之大——大多是通过飞机高空喷洒药物——所以农业部的建议是否有用真的很让人怀疑。而且，从农药残留持久性的观点来看，30至90天也根本不够。

虽然食品与药品管理局对牛奶中检测出的任何农药残毒都十分不满，但它的权限太小了。在划入喷药计划的大部分州，乳制品行业规模都不大，其产品都在本州售卖，所以如何保护牛奶供应不受喷药计划的影响，州政府必须负起责任。1959年对亚拉巴马州、路易斯安那州和得克萨斯州卫生部门的官员和有关人员所做的调查表明，它们并没有进行任何检测，也根本不知道牛奶是否被杀虫剂污染。

在消灭火蚁的计划被执行之后，人们对七氯的特性进行了研究。也许，更确切地说，是有人查阅到之前的研究。也就是在联邦政府的灭虫行动造成危害前的一些年中，就有人查阅了当时已经出版的研究成果，并试图阻止这一控制计划的实施。这些研究成果就是：七氯在动植物的组织或在土壤中一段时间后，会变成一种毒性更强的、名为环氧七氯的物质。环氧化物一般是指由风化作用而产生的"氧化物"。当时的食品与药品管理局发现，用浓度为30PPM的七氯喂养雌鼠，短短两周后就能在其体内检测出165PPM的、毒性更强的环氧七氯，自1952年起，这种转化就已被人们发现了。

对于上述农药转化的事实，只在1959年的生物学文献中有所记载，但并不十分明确。当时食品与药品管理局采取措施，严禁任何食物中存在七氯及环氧七氯。这一禁令使控制火蚁的计划暂时中止。尽管农业部依然为控制火蚁的计划争取经费，但地方农业顾问已越来越不愿建议农民使用化学农药，因为如果这样的话，他们的谷物可能被限制售卖。

简单地说，农业部根本没有对所使用的化学药物进行最基本的调查，就盲目推行它的计划；即使已经进行了调查，也会对所发现的事实不予理睬。确定化学药物最小剂量的初步研究一定是失败了。因为在大剂量地喷洒药物3年之后，在1959年突然减少了七氯的使用剂量，从每英亩2磅减少到每英亩1.25磅，后来又变成每英亩0.5磅，在3至6个月期间的两次喷药中又减为0.25磅。这是"一个有进取性的方法的修正计划"，农业部的一位官员这样描述道。这样不断地修正恰好表明小剂量使用是可以达到效果的。假若在扑灭火蚁计划启动之前，人们就知晓这种报告的话，那么巨大的损失就有可能被避免，而且也能为纳税人省一大笔钱。1959年，或许是农业部为了消除民众对该计划的日益不满，于是主动提出免费对得克萨斯州的农民供应这些药物，而条件是农民们要签字承认后果自负。同年，喷洒药物带来的损失使亚拉巴马州感到惊慌和愤怒，因此拒绝使用进一步执行此计划的经费。一位官员这样总结了整个计划："这是一个蠢笨、鲁莽、失策的决定，它肆意践踏了公共和个人的权利。"尽管没有使用州政府的经费，联邦政府的钱却源源不断地拨到亚拉巴马州，并且立法机构在1961年又被说服，拨出了一小笔款项。而路易斯安那州的农民们对于这项计划的不满也日益高涨，因为对付火蚁的化学药物会使危害甘蔗的昆虫大量增长。说到底，这个计划一无是处。1962年春季，农业实验站、路易斯安那州大学昆虫系主任纽塞姆博士对这种可悲的状况进行了简明的概括："州和联邦机构联合开展的'扑灭'火蚁的计划是完全失败的，路易斯安那州的害虫蔓延区域比计划开展之前更大了。"

现在，一种更为理智、更为稳妥的倾向似乎开始形成。"目前，佛罗里达州的火蚁数量比控制计划开始前增多了。"佛罗里达州政府报告说。接下来，该州不会再考虑任何大规模扑灭火蚁的建议，准备采用小范围控制的办法。

多年来，人们已经熟知各种廉价而有效的小范围控制办法。火蚁习惯于堆土筑巢，所以针对个别窝巢的喷洒药物非常容易。这种方法，每英亩的花费大约是1美元。在窝巢较为集中且需要机械化作业的地区，密西西比农业实验站研制出一种耕田机器，耕作者只需用这种机器将土地耙平，然后将杀虫剂喷洒到窝巢中即可。采用这种办法能够消灭90%至95%的火蚁，而且每英亩只需花费0.23美元。相比之下，农业部大规模的控制计划每英亩要花3.5美元，真的是花钱最多、损失最大、收效最差。

第十一章　超乎博尔吉亚家族的想象

　　我们对地球的污染不仅是大规模喷洒药物的问题。其实，对于我们大多数人而言，日复一日、年复一年地接触化学毒剂才是最值得担心的问题。滴水可以穿石，人类与危险药物从生到死不断地接触，最终将导致极其严重的后果。反复接触化学毒剂，即便每一次接触的剂量很轻微，化学药物也终将在我们体内慢慢积累，直至慢性中毒。除非一个人生活在虚幻的、与世隔绝的地方，否则没有人能避免与不断蔓延的化学污染相接触。由于受到商家的欺骗和诱导，所以普通居民根本没有意识到他们正处于剧毒物质的包围之中，或许他们根本不知道这样的物质正在被他们使用着。

　　普遍使用毒药的时代已经真正地到来，无论什么人，随便在一家商店买些东西，它们所具有的毒性可能都要远远高于医药品，而且不会有什么人质疑什么；但如果他要去药店买些带点毒性的医药品，可能会被要求在登记本上签字。在任何超级市场调查上几分钟，都足以吓倒那些最勇敢的顾客，如果他懂得一些化学品的基本常识的话。

　　如果在杀虫剂商店的门口挂上一个骷髅标记，那么顾客在进门之前至少会带点儿畏惧之心。可事实是，一排排的杀虫剂跟其他商品一样陈列在货架上，看起来令人舒心、愉悦，而且泡菜、橄榄和用来洗澡或洗衣的肥皂就紧挨着它们摆放。盛放着化学药剂的玻璃容器就放在儿童很容易够到的地方。如果儿童或粗心的大人将它们不小心打碎了，那么药剂很可能会溅到周围人的身上，进而引起中毒。当然了，这种危险性也会随着买主进入他的家里。例如，一罐防蛀药物上会用极小的字号来印刷警告，告知消费者它是经过高压填装的，如果加热或遇到明火就会爆炸。氯丹是一种普通的家用杀虫剂，厨房中也会经常用到它。然而食品与药品管理局的首席药物学家说，居住在喷洒过氯丹的房间里是"极其危险的"。在其他一些家用杀虫剂中，则含有毒性更强的狄氏剂。

在厨房中使用杀虫剂太便利了，所以很吸引人。厨房架子上的纸，有白色的，也有人们所喜爱的其他颜色的，都可以浸上杀虫剂，而且是两个面都浸一遍。制造商会给我们提供使用说明册，我们可以轻而易举地将药剂喷到柜橱、地板和房间中的隐秘角落和缝隙中。

如果有蚊子、沙螨或其他害虫困扰我们，那我们可以选择各种各样的乳液、面霜和喷剂用在我们的衣服或皮肤上，尽管我们知道这些物质可以溶解于清漆、油漆和混合纤维中，但我们很可能以为它们不能渗透人类的皮肤。为了让我们可以随时对付各种昆虫，纽约一家高级商店售卖一种袖珍杀虫剂喷雾，可以放在钱包、沙滩盒、高尔夫球具和渔具里。

我们可以给地板打上一种药蜡，这样任何在地板上活动的虫子都会被消灭。我们可以在壁橱和衣物袋上挂一条浸透了林丹的布条，或者把布条放在抽屉里，这样在半年时间里，我们就再也不必担心有蛀虫。药品的广告中并没有提到，林丹是极具危险性的。一种林丹电子加湿器也没有说明它的毒性，仅说它是安全、无味的。而实际上，美国医学协会认为林丹加湿器非常危险，并在其刊物上发起了抗议。

在一份居家与园艺刊物上，农业部建议我们使用可溶于油的DDT、狄氏剂、氯丹或其他防蛀毒剂喷洒衣服。如喷洒过多而衣物上留下白色的杀虫剂的沉淀，农业部称，用刷子刷一下就好了。但应该在什么地方刷、怎样去刷，

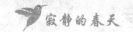

我们并不知道。做完这些事，我们还要拥着杀虫剂入眠，因为我们晚上睡觉时盖的毛毯，也被狄氏剂浸染过。

如今，超级毒剂和现代园艺也紧密地结合在一起了。每一个五金店、园艺用品店和超市摆出了成排的杀虫剂以满足园艺工作中各种可能的需要。还没有充分使用这些致死喷剂和药粉的人好像有点落伍了，因为使用这些药物从几乎每种报纸的园艺专栏和大多数园艺杂志看起来，都再正常不过了。

快速致死的有机磷杀虫剂也被普遍应用于草地和观赏植物。1960年，佛罗里达州卫生部发出禁令，任何人不得在居民区使用，除非事先征得同意且符合标准要求。而在禁令实施之前，该州已出现多起对硫磷中毒致死事件。

可是，没有人去警告花园主人和房主他们使用的药物极为危险。相反，新的设备不断问世，使得在草坪和花园中使用毒剂更便利了，当然花园主人与毒药接触的概率也增加了。例如，一个人可以在罐装的设备上加上一截软管，这样一来，剧毒的氯丹和狄氏剂就像给草坪浇水一样喷洒出去。这样的设备不仅对手拿水管的人相当危险，还会危及公众。为此，《纽约时报》在其园艺专栏发出警告：如果没有特殊的保护性装置，毒药可能会因为倒虹吸作用进入供水系统。鉴于这种设备使用广泛，可是此类的警告却很少，我们应该不会对公共用水为什么会被污染的问题感到困惑了吧？

现在，让我们通过一个医生的病例，来看看园艺工人身上会发生什么事情吧。这名医生在业余爱好园艺。起初，他每周都会在他的灌木丛和草坪上喷洒DDT，后来他改用马拉硫磷，有时他会亲自用手喷洒，有时也会借助罐子连上软管的设备。每一次，他的皮肤和衣服上都沾有药水。大约一年之后，他忽然生病住院。医生检查了他的脂肪活组织样本，发现其中积累有23PPM的DDT。他的神经受到严重损伤，医生认为这是不可恢复的伤害。后来，他瘦了，经常感到乏累无力，这是马拉硫磷中毒的典型症状。由于这些不断出现的症状，他再也不能当医生了。

除了曾经安全的塑料管之外，割草机也安装了杀虫剂喷洒设备，当房主割草时，这种附加设备就会喷出一阵阵白雾。这样，空气中除了具有潜在危险的燃油尾气外，还额外增加了杀虫剂药雾。郊区居民毫无顾忌地使用这种割草设备，使空气污染加重，而且污染程度之高几乎没有城市可以相提并论。

还有一点必须提及，那就是在花园和在家庭中使用杀虫剂之风的危害。标签上的警告说明字体小到不好辨认，所以几乎没有人去仔细一读或者严格遵照。最近，一家公司正在调研，试图确定有多少人会认真阅读警告说明。结果发现，会这样做的人不到15%。

现在的郊区居民已认定，坚决不能让马唐草长大，所以为了除掉它们付出任何代价都在所不惜。

旨在清除草坪上的马唐草的袋装化学药剂似乎成了地位的象征。这些除草剂往往顶着一个漂亮的名字出售，人们根本不会从它的名字上联想到它的种类和特性。要想弄明白袋中的药品含有氯丹还是狄氏剂，须阅读包装袋上最不起眼的地方印着的小号文字。五金店或园艺用品店里的产品说明基本不会提到使用这些化学药物的有害之处，相反，最常见的说明书是这样的——一个幸福家庭的画面中，父亲在草坪上微笑着喷洒药物，而小孩子和宠物狗则在草地上欢快地打滚。

现在，我们正在热议食物中的农药残毒的问题。这些问题不是被厂家漠视，就是被坚决否认。所有坚决抵制含有杀虫剂食物的人，都被无端地扣上了"狂热分子"的帽子。拨开这些争论的迷雾，真相到底是什么呢？

医学上已经肯定的一点是，DDT时代（1942年左右）来临之前，人们的身体组织中没有一点DDT或其他同类化学药物。如第三章提到的，在1954年至1956年间取自于普通人群的人体脂肪样品中DDT的含量在5.3PPM至7.4PPM之间。已有证据表明，从那时以后，DDT的平均含量已上升到了较高的水平。当然，少数因为职业和其他特殊原因而接触杀虫剂的人，DDT的含量更高。

对于没有直接接触杀虫剂的普通人群，可以假设他们身体脂肪中的DDT

都是来自食物。为了验证这个假设，美国公共卫生署组织了一个工作组对饭馆和大学食堂的食物进行检测。结果发现每种食物样品都含有DDT。因此调查者有充足的理由相信，"几乎没有能使人完全放心、不含DDT的食物"。

食物被污染，这样的案例极多。公共卫生署曾做了一项独立研究，当对监狱饭菜进行分析后，发现炖干果这样的菜中DDT量是69.6PPM，而面包中DDT的含量有100.9PPM。

在普通家庭的饮食中，氯化烃含量最多的是肉和动物脂肪制成的食品。因为这类化学物质可能溶于脂肪。水果、蔬菜中的残毒相对少一些。冲洗是洗不掉残毒的，要是生菜、白菜这类蔬菜的话，最好去除所有外层的叶子；如果是水果的话，就在吃之前削掉果皮，并且不要再用果皮烹制食物，因为烹调也无法去除残毒。

牛奶是食品与药品管理局严禁含有农药残留的少数食品之一。可实际上，每一次抽样检查时都会检测出残毒。残毒含量最高的是奶油和其他大规模生产的奶酪制品。1960年，对461个这类产品的样品进行化验，结果发现1/3的样品都含有残毒。食品与药品管理局表示"很不乐观"。

要想找到不含DDT和有关化学药物的食物，似乎必须到一个遥远而又原始的地方了。在遥远的阿拉斯加州的北极海岸，也许能找到这样的地方，但污染的阴影已经逼近了这里。科学家对当地因纽特人的食物进行检测时，发现并不含杀虫剂。鲜鱼、鱼干，从海狸、白鲸、美洲驯鹿、麋鹿、北极熊、海象身上取得的脂肪、油脂或肉，蔓越橘、鲑浆果和野大黄，都没有被污染。只有来自波因特霍普的两只白猫头鹰体内含有少量DDT，这可能是它们在迁徙过程中摄入的。

科学家对因纽特人的身体脂肪样品进行抽样检测时，发现了少量DDT残毒，约有零至1.9PPM。原因再清楚不过了，因为有些脂肪样品取自于那些离开原住地到安克雷奇市美国公共卫生署医院做手术的人。那里人类文明高度发达，医院的食物跟那些人口稠密的大城市的食物一样，都含有大量DDT。

当这些因纽特人在文明世界短暂停留时，就沾染了毒药。

农作物普遍被喷洒了毒药，必然导致我们的每餐饭菜里都含有氯化烃。如果农夫认真遵照药品使用说明，那么药物残留就不会超过食品与药品管理局规定的标准。至于这些标准是否真的"安全"姑且不论，有一个所有人都知道的情况是，农民们经常在快要收获的时候喷洒农药，并且超过标准剂量，甚至连产品说明都懒得看。

甚至连化工企业也意识到农民滥用杀虫剂的问题了，他们认为对农民进行培训很有必要。行业内一个重要刊物宣布："很多使用者都不知道，如果用药过量，他们对农药就会失去耐药性。很多农民在对作物上喷药时，都是很随意。"

在食品与药品管理局档案中这样的例子有很多。有一些例子正好说明了农民们对于使用说明的漠视：一个种生菜的农民，在生菜快要收获时同时喷洒了8种不同的杀虫剂。一个运货商在芹菜上施用了5倍于标准剂量的对硫磷。尽管药物残留受到禁止，但种植者们仍使用了异狄氏剂——所有氯化烃中毒性最强的一种。菠菜也在收获之前的一周被喷洒了DDT。

还有一些因偶然和意外引起污染的情况。比如，在运输过程中，一艘轮船上用麻袋装着的绿咖啡也被污染了，因为一些杀虫剂也装在上面。仓库里密封好的食物也可能被DDT、林丹及其他杀虫剂污染，因为仓库中喷洒杀虫剂时，药雾会透过食品的包装袋。这些食品在仓库中存放越久，被污染的可能性就越大。

"政府不会保护我们免遭杀虫剂危害吗？"有人可能会问。其实政府真的"能力有限"。有两个重要的因素大大地限制了食品与药品管理局，使它不能很好地保护民众免遭毒害。一是该管理局只能管理州际贸易中涉及的食品，没有权力管辖一州内部种植和交易的食品，即便该州内部有很多违法的事件也不行。二是因为该管理局人员较少，600个人要应付繁杂的工作实在有心无力！据食品与药品管理局的一位官员称，州际贸易的农产品只有极少量（远低于1%）可以用现有设备进行抽样检测，所以最终的结果是不准确的。至于

在一州内生产和交易的食品，情况就更不乐观了，因为大部分州在相关法律上并不完善。

食品与药品管理局制定的污染最大容许限度（又称"容许值"）存在明显缺陷。在当下农药使用之风正盛的情况下，它只是一纸空文，而且造成了一种假象，即安全限制已经确定并且得到很好的执行。至于允许食物中存在少量毒素的安全性到底怎么样，我们有充足的理由相信，没有一种毒素是无害的或是被人们需要的。为制定出容许值，食品与药品管理局重新审查了这些药物对实验动物的效果，并且取了污染的最大值，这个值比使实验动物致病的剂量小很多。这样做看似可以确保安全，实则忽视了大量重要的事实。实验动物是在人为可控的情况下，摄入一定量的特定农药，这与经常接触各种农药的人类区别非常大。人类所接触的农药种类繁多，而且大多是未知的、不可测定的，也是不可控制的。即便一个人的午餐沙拉中生菜含有的7PPM的DDT在安全范围内，但在这顿饭中还有其他食物，而且每种都含有一些不超过标准的残毒。此外，众所周知，通过食物摄入的杀虫剂只是一小部分而已。这种以各种途径进入人体的化学药物叠加起来，总量是没办法预估的。因此，单独讨论任何一种食物中的毒药残留的"安全性"都是毫无意义的。

此外，还存在着一些问题。有时，容许值在确定时违背了食品与药品管理局科学家们的正确判断（这在后文会给出相关案例），或者所依据的相关化学药物的知识太有限了。在充分了解实际情况后，这种容许值会被降低或者撤销，但此时，公众遭受毒害已经好几个月或好几年了。七氯曾经也有一个容许值，后来被撤销了。有些化学药物在人类登记使用之前，并没有进行野外实用分析，因此检测人员很难检测到它们的残毒。这一问题极大妨碍了人们对蔓越橘中氨基三唑残毒的检测工作。普遍用来处理种子的灭菌剂，人们也没有找到合适的检测方法。这些种子如果没有在种植季节结束前用完，就可能成为我们的食物。

客观来说，制定容许值就等于允许公众的食品中含有毒药残留，这使得农民和农产品加工企业降低了成本，而消费者只好纳更多的税来养活监察机关，来确保他们不会吃到致死的剂量而被毒死。但是，考虑到当下农药的使用量与毒性情况，监察工作可能要花费很大一笔经费，这是任何议员都不敢拨出的巨额费用。最终，倒霉的消费者不仅纳了钱，还得不到什么保障。

怎么解决这个问题呢？首先，必须取消氯化烃、有机磷，以及其他剧毒化学药物的容许值。可能立马会有人跳出来反对，说这会加重农民负担。但是，如果能将各种水果和蔬菜所含的DDT降至7PPM，把对硫磷降至1PPM，把狄氏剂降至0.1PPM，那为什么不努力消除全部残毒呢？其实，现在已经有一些作物被禁止出现诸如七氯、异狄氏剂、狄氏剂这些药物的残毒了。如果可以实现的话，那为什么不对所有的作物都这样要求呢？当然，这不是彻底的、最终的解决办法。纸上的零容许值没有什么意义。目前大家都知道，州际运输的食物99%以上可以避开检查。所以我们急需食品与药品管理局提高警惕、积极主动、扩充人员。故意毒化而后又监管的这种社会体系，让人不由得想起刘易斯·卡罗尔的"白衣骑士"。这个骑士打算把自己的络腮胡子染成绿色，然后再用一把大扇子遮挡，不让别人看见。最后一个办法是，尽可能减少使用有毒药物，降低对公众的危害。现在我们已经研制出一些安全的化学物质了，比如除虫菊素、鱼藤酮、鱼尼丁和其他从植物中提取的化学药物。最近，除虫菊素的人工合成替代品也被研制出来了。只要市场有需求，一些国家就会时刻准备着提高产量。我们也迫切需要商家在出售这些化学药物时，对公众进行培训。因为一般消费者会被各种杀虫剂、灭菌剂和除草剂弄得眼花缭乱，不知道哪些是有致命危险的，哪些是安全的。

除了使用危险性较小的农药外，我们还应积极尝试非化学方法。现在，加利福尼亚州正在尝试利用专门在某种昆虫身上引发疾病的细菌来防治虫害。这种方法的推广实验也正在进行中。此外，还有很多能有效对付昆虫而不会在食物中留下残毒的方法（参见本书第十七章）。在这些新方法取代化学控制方法之前，我们还将面对目前危机重重的状况。由此看来，我们的情况比博尔吉亚家族的客人好不到哪儿去。

第十二章　人类付出的代价

　　自工业革命时代起，化学品开始投入生产。如今，我们的环境中涌起了化学品的生产高潮，而严重的公共健康问题也随之出现。仅仅在不久的昨天，人类还在为天花、霍乱和鼠疫等疾病的侵袭惊恐万分。现在，我们已经不再关注那些曾一度引起世界范围疾病的细菌和病毒了；良好的卫生环境、优越的生活条件和新研制的药物可以使我们更好地控制传染性疾病。现在，我们要忧心的是我们环境中潜在的另一种类型的危害——它是伴随着生活方式的不断现代化而进入人类世界的。

　　环境中的健康问题是由多方面原因造成的，包括各种形式的辐射、不断生产出来的化学药物（包括杀虫剂）。如今，在我们所生活的世界中，这些化学药物正在不断扩展蔓延，它们或直接或间接、或单独或联合地危害着我们。这些化学药物在我们的头上投下了一片巨大的阴影，这片无形而朦胧的阴影令人惊恐，因为我们

名师批注：化学药物的危害不断扩大，"投下了一片巨大的阴影"让人感到恐惧和忧虑。

<u>无法想象如果一个人的一生都在接触这些化学药物，会有什么样的后果。</u>

美国公共卫生署的大卫·普莱斯博士说："我们经常会害怕，如果我们的生存环境遭到了破坏，人类可能会像恐龙一样被淘汰。我们的命运或许在出现明显的危害症状之前的20年或更早就已经被判定了。这种观点使持有上述想法的人更加忧虑不安了。"

杀虫剂与环境疾病分布的关联性体现在哪里呢？我们已经看到，它们使我们的土壤、水和食物遭到污染，它们还杀死了河中的鱼、林中的鸟。人类即便很不愿意承认，但其依然是大自然的一部分。<u>现在，我们的整个世界遍及污染，难道人类就能逃脱吗？</u>

名师批注：人类不能逃脱，人类是造成整个世界遍及污染的罪魁祸首，难辞其咎。

如我们所知，如果一个人经常接触化学药物，那么其体内摄入的总剂量一旦超过一定限度就会中毒。很多接触一定剂量杀虫剂的人，如农民、喷药人、航空员和其他人员等，他们的突然发病或死亡是非常悲惨的，我们必须阻止此类惨剧的发生。无形中，农药正在污染我们的世界，因为人类少量吞食农药而导致发病是有潜伏期的。因此，为了所有人着想，我们必须加倍重视这一问题并找到解决方法。

"化学药物对生物的危害是不断积累的，并且其对一个人的危害要看这个人一生中摄入的总剂量"，负责公共健康的官员们指出。所以，人们很容易忽视这种危险。一般来说，人们对那些长远的、未来才会显示灾难的事物基本不太关心。对此，一位医生——雷内·杜博思博士做出了明智的判断。他说："人们往往只会重视

那些症状明显的疾病。所以，一些最危险的敌人往往会乘虚而入。"

正如密歇根州的知更鸟或米罗米奇河中的鲑鱼一样，这一问题对于我们每个人来说，都是相互关联、相互依存的生态问题。我们将一条河上可恶的飞虫毒死了，于是鲑鱼也慢慢死亡。我们将湖中的蚊蚋毒死了，毒药就从食物链中的一环传递到另一环，在湖区生活的鸟儿很快也被毒药威胁。我们对着榆树喷了药，于是在接下来的那个春天，知更鸟的歌声就消失了，我们没有直接对知更鸟喷药，它们是死于以榆树落叶为食的蚯蚓。上述这些事件都有据可查，它们就存在于我们周围世界之中。它们体现了生命或死亡的联系网，科学家们将其称为生态学。

不过，生态学也存在于我们的身体内部。在这个可以被观察到的世界中，极小的诱因也会产生严重的后果，而且所引发的后果看似与那些诱因之间没有联系，因为其出现在身体的位置离最初受伤区域很远。近期，关于这个问题的相关医学研究动态总结说："某个部位发生极小的变化，哪怕小到一个分子的变化，都可能对整个系统产生影响，并在那些不相关的器官或组织中引起病变。"我们如果能够关注身体的神奇功能，就会发现原因和后果之间的联系很少能简单而轻易地表现出来。它们在空间和时间上可能是毫不相关的。为了找到发病与死亡的联系，需要将很多看起来孤立的、毫无关系的事实拼凑在一起，而要想获得这些事实可能需要在广阔的、毫无关系的多个领域中做大量的研究工作。

名师批注：这一危害、隐蔽性极强，不易被觉察。

我们习惯于<u>盯着明显而直接的影响，而将其他方面抛在一边。除非这一影响出现得极其明显且迅速，令我们无法否认，否则我们必定不会承认危害的存在。</u>因为没有发现危害的确切而恰当的方法，所以就连研究人员也处于威胁之中。医学上尚未解决的一大问题就是，在症状出现之前，还没有充分、精密的方法可以发现危害。

有人提出反驳说："我将狄氏剂喷洒到草地上已经很多次了，但我并没有出现世界卫生组织的喷药人员曾出现的抽搐症状，所以狄氏剂没有伤害到我。"事实并非如此。一个接触过这类药物的人，他的身体肯定会积累毒素，虽然并没有爆发剧烈的症状。正如我们所知，氯化烃在人体都是一点一点逐渐积累的，贮存在人体的脂肪中。脂肪一旦在人体堆积，毒素就马上进入其中。最近，新西兰的一份医学杂志提供了一个案例：一个患有肥胖症的人在接受治疗时，突发中毒症状；检查发现，他的脂肪中贮存着狄氏剂，在他减轻重量的过程中，狄氏剂发生了代谢转化。那些因为疾病而暴瘦的人也会面临这样的风险。

另一方面，毒物积累的影响可能并不明显。几年前，美国医学学会杂志发出警告说，杀虫剂能够贮存在脂肪中的危害是极其严重的。同时该杂志还指出，相对于那些不具有积累性的物质而言，我们应该加倍关注那些在人体组织中可积累的药品和化学物质。该杂志还指出，脂肪组织不单单贮存脂肪（约占体重的18%），还具有很多重要功能，积累的毒素会阻碍这些功能。此

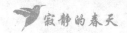

外，脂肪广泛存在于人体的各器官和组织中，甚至参与组成了细胞膜。因此，我们必须记住这一点，脂溶性杀虫剂在细胞中积累会扰乱氧化和产生能量的、极为活跃的、人体不可或缺的功能。在下一章，会就这一问题的重要性展开论述。

氯化烃杀虫剂的影响中，人们最应该关注的就是它对人类肝脏的危害。肝脏是人体所有器官中最特别的，其功能的广泛性和重要性无法被取代。肝脏控制着许多至关重要的机体功能，所以一丁点儿的危害就会产生严重的后果。肝脏不仅能产生消化脂肪的胆汁，还因为其重要的位置及其中特殊的循环管道，能够直接从消化道获取血液，深度参与所有食物的消化。它以糖原的形式贮存糖分，并以葡萄糖的形式释放出精准定量的糖分，使人体血糖维持正常水平。它还可以合成蛋白质，包括一些十分重要的凝血血浆成分。肝脏使血液中的胆固醇保持在正常水平，也使雄性激素和雌性激素维持在正常水平。肝脏可以储存很多种维生素，而一些维生素可以帮助肝脏维持自身功能。

<u>如果肝脏失去了正常功能，人体就相当于被解除了全部武装——无法对抗不断入侵的各种毒素，</u>这些毒素有些是人体新陈代谢的副产品，肝脏可以通过去氮作用快速地处理它们，使它们变成无毒物质；还有一些毒素是外来的，肝脏也可以进行解毒。杀虫剂马拉硫磷和甲氧基氯毒性之所以被说成是"无害的"，是因为它们毒性相对较小，肝脏酶可以处理它们，改变它们的分子结构，削弱它们的毒性。以此类推，我们所摄入的大部分

名师批注：肝脏对人体有着至关重要的作用，这里表现出作者对人体肝脏如果失去正常功能而被毒素入侵的担忧。

有毒物质都是被肝脏处理的。

如今，抵抗各种毒素的防线一再被削弱，并且濒临瓦解。被杀虫剂危害的肝脏已经不能再保护我们免受毒害了，而且它自身的诸多功能也逐渐紊乱。这一后果影响巨大，但由于其变化多端且显现滞后，人们很难找到真正的原因。

当下，损伤肝脏的杀虫剂正在被人类广泛使用，因此自20世纪50年代以来，肝炎患者的数量急剧增长。据说，肝硬化患者也在增加。虽然证明原因甲导致了结果乙是非常困难的事情——人身实验比实验动物更加困难，但通常认为，人类肝脏致病率的增长与能够造成肝脏损伤的杀虫剂不无关系。氯化烃到底是不是主要原因，目前很难弄清楚，但当前我们就处于毒剂遍布、肝脏不断受损的环境中，实在不明智。

大量的动物实验和对人类的观察表明，氯化烃和有机磷酸盐这两种主要的杀虫剂虽然作用方式有所区别，但都会直接影响神经系统。首先广泛使用的新型有机杀虫剂DDT，主要影响的就是人的中枢神经系统，即小脑和高级运动神经外鞘区域。据一本毒理学教科书记载，如果出现了刺痛、发热、瘙痒、颤抖，甚至抽搐等症状，那么很可能是DDT中毒所致。

我们首次认识到的DDT中毒症状，是由几位英国研究者提出的，为了解DDT的中毒后果，他们故意接触DDT。他们就是英国皇家海军生理实验室的两位科学家，接触DDT的方式是通过接触墙面上的水溶性涂料（涂料含有2%的DDT，上面覆盖了一层油膜），使皮肤

名师批注：人类为了杀虫，破坏了自然环境，最后也自食其果，付出损伤肝脏的代价。

143

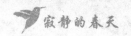

吸收DDT。在他们对所产生的症状的详尽叙述中，DDT对神经系统的影响显而易见："明显地感到困倦、疲劳和四肢疼痛，精神状态也很差劲……烦躁，对任何工作都感到厌恶，脑子连最简单的问题也处理不了，这些痛苦叠加在一起，非常折磨人。"

还有一位英国人曾将DDT丙酮溶液涂抹在自己的皮肤上做实验，他描述称，感到四肢无力、沉重、浑身使不上劲，而且伴随神经性紧张痉挛。休养了一个假期后，他的身体有所恢复；但开始工作后，情况又变遭了。之后，他卧床三周，饱受长期四肢疼痛、失眠、神经紧张和极度焦虑的折磨。有时候，他会全身颤抖，与鸟类DDT中毒之后的症状十分相似。这位实验者连续10周无法工作，直到年底，他的情况被英国一家医学杂志报道时，他依然没有完全康复（这一证据除外，一些研究人员不得不应对自愿参加DDT实验的志愿者的诉苦，他们抱怨说头痛，以及"明显的精神神经症"所致的"每根骨头都疼"）。

如今，许多病例记录中的发病症状和发病过程都表明，这些跟杀虫剂脱不了干系。这些患者都直接接触过某种杀虫剂，而在将杀虫剂从该患者的生活环境中消除之后，病状就会逐渐缓解。而且，如果今后再接触到这些罪恶的化学药物，病情还会复发。要证明许多其他疾病的药物治疗的原理，这些证据已很充分了。这些证据足以警醒我们，使我们意识到我们的冒险行动是愚蠢的，明知危机四伏，还要将杀虫剂遍洒在我们的生存环境之中。

那些处理和使用杀虫剂的人表现出的症状为什么不尽相同呢？这可能涉及个体敏感性的问题。有证据显示，在对杀虫剂的敏感度的问题上，女人高于男人，儿童高于成年人，常坐在室内的人高于经常风餐露宿、辛苦劳作的人。这些差别除外，还有一些没有规律的客观存在的差异。一个人对灰尘或花粉出现异常反应，或者对某种毒物极度敏感，又或者容易被某种传染病感染，这其中的原因，医学上至今还无法解答。可是这种情况是客观存在的，并且影响了许多人。一位医生预计，1/3或更多的人会出现过敏反应，而且这些人的数量还在逐步增长。不幸的是，过敏性会激发人体抗过敏性的发展。实际上，一些医学人员认为，长期接触化学药物产生的正是这种过敏性。如果真是这样，那么对因为职业而长期接触化学药物的人进行研究却几乎没有发现中毒迹象这一情况，就容易理解了。因为持续接触化学药物，这些人的体内产生了抗过敏性，就好比一个变态反应学者用给病人反复注射小剂量致敏药物的方式，使病人产生抗过敏性是同样的道理。

实验动物是在人类严格控制下生长的，人类跟它们的不同之处就在于，人类不会长期只接触一种化学药物，所以要研究杀虫剂致毒的全部问题就相当棘手了。不同种类的杀虫剂之间，杀虫剂与其他化学物质之间，可能产生具有重大影响的化学反应。此外，杀虫剂进入土壤、水或人体血液之后，也不会一成不变；它们会逐渐发生神秘的、无法预测的变化。因此，一种杀虫剂能使另一种杀虫剂的致毒能力发生变化。

名师批注：有过敏反应的人数正在逐步增长，这不得不让人警惕，而对未来如何也产生了忧患。

甚至两种主要的杀虫剂之间也会产生相互作用，但人们通常认为它们只是在各自孤立地起着作用。如果一个人先前就曾接触过伤害肝脏的氯化烃，那么可作用于神经保护酶——胆碱酯酶的有机磷类毒药的毒性可能会增强。因为，当肝功能被损坏以后，胆碱酯酶的水平就会低于正常值；这时，新接触到的、原本受到抑制的有机磷的毒性可能会强大到严重致病。而且我们知道，成对的有机磷相互作用可使毒性增长百倍以上。或许，各种医药、人工合成物质、食物添加剂也能与有机磷相互作用——对目前存在于我们世界的各种人造物质，我们又能说什么呢？

名师批注："我们又能说什么呢"，作者真的无话可说吗？作者实际想说的是什么呢？

一种原本被断定无毒的化学药物，在另一种化学物质的作用下会产生不可思议的变化。DDT的一个近亲——甲基氯氧化物，就是最好的例证（其实，甲基氯氧化物并非无毒。近来的动物实验研究表明，它会直接作用于子宫，阻碍一些有益的黏液性激素的产生——这再次警告我们：这些化学物的生物学影响是极其重大的。研究还发现，甲基氯氧化物会导致肾脏中毒）。我们之所以称甲基氯氧化物安全无毒，是因为人体单独摄入它时，并不会在体内积累。但是，这种说法与实际情况不符。如果肝脏已遭到损害，甲基氯氧化物便会在人体积累到100倍于正常含量的量，那时它就会影响人类的神经系统，跟DDT的作用相似。然而，因为它对肝脏的损害比较轻微，所以极易被人忽视。这也会引发另一种常见的后果——当使用其他种类的杀虫剂，或使用含四氯化碳的洗涤剂，或服用镇静剂时，它们虽然大部分

（并非全部）是氯化烃类，但能损坏肝脏。

<u>对神经系统的伤害并仅限于急性中毒，不利的影响还有很多。甲基氯氧化物和其他化学物质会持续损害大脑和神经系统的事实已经被报道过了。狄氏剂除了能导致急性中毒，还有长期的遗留影响，比如"健忘、失眠、做噩梦直至癫狂"。医学研究表明，林丹大量在大脑和重要的肝组织中积累，会引发"对神经系统的不可预知的长期遗留作用"。</u>可是，我们竟然在加湿器中广泛使用林丹，我们的家庭、办公室和餐馆都将被源源不断的林丹水雾浸染。

人们一般认为，只有有机磷可引起急性中毒，并且会对神经系统产生遗留性的物理损伤，而且与近代发现一致，它能导致神经错乱。随着各种各样杀虫剂的使用，许多遗留性的麻痹症出现了。大约在20世纪30年代的禁酒期内，美国发生的一件怪事预兆着即将到来的麻烦。这次事件的罪魁祸首并非杀虫剂，而是一种化学性质与有机磷杀虫剂极为相近的物质。那时，为了不违反禁酒规定，一些医用药物（牙买加姜汁酒就是其中一类）被当作酒的代替品出售。由于"药用酒精"之类的产品价格昂贵，于是分装商决定用牙买加姜汁酒来代替。他们的计划精心巧妙，以至于他们的假货顺利通过了检验，还骗过了政府部门的化学家。为了给那些牙买加姜汁酒增加必要的强烈气味，他们又将一种名为三原甲苯基磷的化学物质加入其中。这种化学物质与马拉硫磷及其同类化学药物一样，能使保护性的胆碱酯酶遭到破坏。结果，饮用了这种不法产品的大约15 000人都因

名师批注：对神经系统的伤害是多样的，这些毒性极大的化学物质，已经遍布各地，把人类包围起来了。指出生活中的加湿器就隐藏着林丹毒素，意在引起人们的重视和警惕。

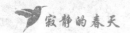

腿肌肉萎缩而瘫痪，这种病如今被称为"姜瘫"。这种麻痹症还伴生两种症状——神经鞘的损伤和脊髓前角细胞的退化。

这件事差不多已经过去了20年，人们又将其他各种各样的有机磷当作杀虫剂使用了，所以，类似于"姜瘫"的病例又重现了。一个德国温室工人在使用马拉硫磷之后频发中毒症状，温和的中毒症状持续了几个月之后，他患了麻痹症。还有一群来自三个不同化工厂的工人也因为接触了有机磷类而严重中毒。经过治疗后，他们获得了康复，不过10天后其中两人再次出现腿部肌肉萎缩的现象。在其中一人身上，该症状持续了10个月；而另一个年轻女化学家就不那么幸运了，她不仅双腿瘫痪，手和手臂也受到影响。两年之后，当她的情况被一家医学杂志报道时，她依然不能工作。

<u>一些杀虫剂——这些病例的罪魁祸首，已经在市场上被取缔了，不过其他可能具有同样的致病能力的杀虫剂依然在被使用着。</u>对小鸡所做的实验表明，备受园艺工人喜爱的马拉硫磷能使小鸡产生严重的肌肉萎缩。正如"姜瘫"一样，该症状是因坐骨神经鞘和脊骨神经鞘损伤所致。

有机磷酸盐中毒即便没有致死，也是病情进一步恶化的先兆。从其对神经系统的严重侵害来看，这些杀虫剂终将与精神疾病关联起来。近来，墨尔本大学和墨尔本亨利王子医院的研究人员已证实了这种关联的存在。他们对16例精神病例作了报道，所有的病例都存在长期接触有机磷杀虫剂的情况。这些人中有3名是科学家，

名师批注：虽然很多杀虫剂被取缔，但有着同样致病能力的杀虫剂依然还在被使用，看到希望又看到了存在的隐患。

他们负责核查喷药效果；还有8名是温室工人；5名是农场工人。他们表现出的症状有记忆衰退、早发痴呆和郁闷反应。这些人常年喷洒农药，结果药雾就像飞旋镖一样最终打在了他们自己身上，而在他们被打倒之前，体检记录一直都是正常的。

我们知道，各种医药文献中此类的情况比比皆是，有的是氯化烃所致，有的是有机磷所致。错乱、幻觉、健忘、狂躁——这就是人类为了短暂地消灭一些昆虫而付出的惨重代价；只要我们不放弃使用那些直接破坏我们神经系统的毒药，我们就不得不继续付出这样的代价。

名师批注：人类付出的代价是惨重的，不得不去思考这样真的值得吗？

 读后思考

1.人类因为化学药品付出了哪些代价呢？

2.人类付出的代价是惨重的，你对此有何想法？该怎样去改变这个局面呢？

第十三章　透过狭小之窗

生物学家乔治·沃尔德曾用一句话比喻自己的一项研究专题，他说："眼睛的视觉色素就像一扇小窗，人离窗户较远时，只能看到一丝光亮；如果走近窗户，他看到的景物将会越来越多；而紧贴小窗时，他能通过这扇小窗看到全世界。"

这启示我们，研究工作的重点应该先从人体的个别细胞开始，然后着眼细胞内部的细微结构，最后是细胞内部机构的基础反应——只有这样做，我们才能明白外部化学物质偶然进入人体内部的严重后果。最近，医学研究者才开始关注单个细胞产生能量的问题，这种能量对维持生命至关重要。人体内产生能量的非凡机制在根本上影响着人体健康，也影响着整个生命。甚至，它的重要性超过了人体最重要的器官，因为没有了正常、有效的氧化作用来产生能量的话，人体的任何机能不能正常运行。可是那些用来对付昆虫、啮齿动物和野草的药物都能直接影响氧化作用，并且最终摧毁它。

所有生物学和生物化学领域备受瞩目的成果，就是我们获得了对细胞氧化作用的现有认识。因为这一工作，很多研究人员获得了诺贝尔奖。在大约50年中，这项工作一直在早期研究的基础上缓步前行着，很多方面的研究还有待深化。全部的研究工作在最近10年中才初步完成，生物体的氧化作用成了生物学家的通识。可是在1950年以前，接受过基本训练的医学人员根本体会不到生物氧化作用遭到破坏后所引起的深重危害，因为他们没有亲身体会的机会。

能量的产生不是由某一特定器官来完成的，而是通过人体的所有细胞来实现的。一个活细胞就好比一簇火焰，它燃烧燃料从而产生生命所需的能量。这一比喻极富诗意，但并不准确。因为细胞完成"燃烧"是有温度条件的，即人体的正常体温。只有这样，千千万万个小火焰才会温和地"燃烧"，给生命提供所需的能量。化学家尤金·拉宾诺维奇说，如果这些小火焰都熄灭了，那么"心脏就会停止跳动；植物不能再向上生长；变形虫无法游泳；感觉不能通过神经传递，大脑中不会有任何思想闪现"。

在细胞中，物质会永不停歇地转化为能量，就像一个不停转动的轮子。它是自然界更新循环的一种方式。在循环的过程中，以葡萄糖形式存在的糖燃料一颗又一颗、一个分子又一个分子地燃烧，其间经历了分解及一系列微妙的化学变化。这些变化规律地、有条不紊地进行着，每一环节都由一种特定的酶支配和控制，每一种酶都各司其职。每一环节都会产生能量，排出废物二氧化碳和水，发生了变化的燃料分子会被传送到下一环节。当这个轮子转满一圈，燃料分子几乎被分解尽了，它们将随时与新的分子结合，开始新一轮的循环。

这一过程是生命世界的一大奇迹。细胞就像一间化工厂，不断地从事着生产活动。这真是太不可思议了，所有发挥作用的部分极其微小，就连细胞本身也只有在显微镜下才能被看到。更不可思议的是，氧化作用的大部分过程是在更小的空间内进行的，即在细胞内一种名为"线粒体"的微小颗粒内。人们认识到这种线粒体的存在已长达60年，可是过去它们一直被认为是未知的、不重要的细胞组成部分而已。在20世纪50年代，人们通过对它们的研究才发现，这是一个令人激动的科学领域；它们骤然引发科学家的极大关注，5

年中就有1 000篇相关的论文涌现。

人类再一次发挥了自身卓越的创造力和可贵的毅力，将线粒体的秘密公告于世。试想如此微小的颗粒，即便用一个300倍的显微镜也很难看到，可如今人们竟然研发了一种能将这种微小颗粒分离的技术。单独分离后，人们对它进行分析，最终确定其极为复杂的功能。这真是太不可思议了。现在，电子显微镜的出现使得生物化学家技术大大提高，对线粒体的研究工作终于圆满完成。

研究发现，线粒体是由多种酶包裹而成的微小组合体，参与氧化循环的所有酶都包含于其中，它们精确、有序地排列在线粒体的壁和隔膜上。线粒体就像一间间"动力室"，大部分的能量都产生于其中。除了氧化作用的初始阶段是在细胞质中完成，其他过程都是在线粒体中实现的。在线粒体中，氧化作用得以圆满完成，大量的能量在此释放。

假如线粒体中永不停歇的氧化作用并不是为了释放出人体所需的能量，那么氧化作用就是毫无意义的了。生物化学家将氧化循环各个阶段产生的能量称之为ATP（三磷酸腺苷），这种物质的每个分子中含有三组磷酸盐。ATP能提供能量，靠的就是将它自身的一组磷酸盐转化为其他物质，而电子在此过程中来回运动产生了能量。如此，当一个肌肉细胞中的一组末端的磷酸盐被传送到收缩肌时，肌肉收缩需要的能量就有了。由此，另外一种循环就产生了。这是一种循环中的循环，即一个ATP分子释放出一组磷酸盐而保存两组，于是二磷酸盐分子ADP就生成了；但是当这个轮子进一步运转时，会有一个新的磷酸盐组加入进来，于是ATP分子恢复如初。这跟我们使用的蓄电池很像，ATP就像充电的电池，而ADP就像放电的电池。

作为能量传递者，ATP并非人类独有。从微生物到人，ATP存在于所有的生物体内，它给肌肉细胞供给机械能，将电能提供给神经细胞，还为精子细胞、受精卵（可能发育成一只青蛙、一只鸟儿或一个婴儿）和分泌激素的细胞供给能量。ATP释放的能量，有一小部分消耗线粒体内部，而一大部分被输送到细胞中，为细胞的各种活动供给能量。线粒体在某些细胞中的位置对它们发挥功能极为有利，因为所处的位置决定了它可以将能量精确地输送到最需要的地方。在肌肉细胞中，线粒体大量聚集在收缩肌纤维附近；在神经细胞中，它们处于细胞间的连接处，为神经脉冲供给能量；在精子细胞中，它们密集于推进尾与头部的连接之处。

　　氧化作用中的耦合过程就是给 ATP—ADP 电池充电的过程。ADP 与新加入的一组磷酸盐结合恢复为 ATP，这一结合的过程被人们称为"耦合磷酸化作用"。如果这一结合成了非耦合性的，那么供给的能量就不存在了，呼吸这个时候还在进行，细胞却成了一个空转马达，发热而不能发挥功能。这样，肌肉就无法收缩了；脉冲也不能通过神经传输了；精子无法抵达其目的地了；受精卵也不能完成它的复杂分化和苦心经营的作品。对于从胚胎到人的所有机体而言，非耦合化将是一个致命的灾难，它可能致使部分组织甚至整个机体的死亡。

　　非耦合化是如何出现的呢？放射性是其中一个罪魁祸首。在一些人看来，经过放射线照射的细胞之所以死亡，就是因为耦合作用遭到破坏所致。可是，相当多的化学物质也具备这种破坏能力，杀虫剂和除草剂就是其中的两个典型。我们知道，苯酚能强烈激发新陈代谢，使体温升高，具有致命的危险。这类情况就是由非耦合作用——"空转马达"导致的。广泛用于除草剂的二硝基苯酚和五氯苯酚就属于这类化学物质。除草剂中的 2,4-D 是另一个破坏耦合作用的罪魁祸首。在氯化烃类中，DDT 也会破坏耦合作用，如果深入研究的话，发现其他破坏者也是极有可能的。

　　不过，导致人体不计其数的细胞小火焰熄灭的，并非只有非耦合作用。我们已经了解到，氧化作用的每个环节都需要一种特定的酶支配和控制才能完成。如果其中的任何一种酶遭到破坏或被抑制，细胞中的氧化循环就会中断。不管哪一种酶被干扰或破坏，结果都一样。这就好比一只轮子正在飞速运转，而我们将一根铁棍插进了轮子的辐条间，不论棍子插在了哪两根辐条

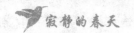

之间，结果都毫无二致。那时，能量将无法产生，其导致的后果与非耦合作用是一样的。

　　杀虫剂中的许多化学物质在破坏氧化作用的转轮时，充当了铁棍的角色。正在被大量使用的DDT、马拉硫磷、甲氧氯、吩噻嗪和各种各样的二硝基化合物都能干扰氧化循环中的一种或多种酶。它们潜伏着，能够使能量产生的过程中断，并将细胞中的可用氧剥夺。这将导致大量灾难性的后果，这里仅提及一小部分。

　　仅仅通过抑制氧供应，实验人员就能使正常细胞转变成癌细胞。在下一章，我们将会看到相关内容。从正在发育的动物胚胎实验中我们可以看到，一旦细胞中的氧被剥夺，一些恶劣后果的线索就显现了。组织生长和器官发育因为缺氧而被破坏，还随之产生了畸形和其他变态情况。如果婴儿的胚胎缺氧，就会导致先天畸形的出现。

　　一些迹象表明，人们已经开始注意到这类不断增长的灾难，虽然还没有人想要发掘全部原因。1961年，人口统计局针对全国出生儿畸形的问题开展了一项填表调查。调查表上附带的说明指出，该统计结果以大量的事实阐明了先天畸形的发生范围和发生环境。这一问题几乎都与放射性影响有关，不过化学药物的影响也不容忽视，因为它们与放射性产生的结果相似。人口统计局下了残忍的断言——出现在未来孩子身上的缺陷和畸形，几乎可以断定就是由那些渗入我们生活的环境或者我们身体的化学药物造成的。

　　与生殖功能衰退相关的一些症状，很可能也与生物氧化作用遭到破坏有关，并且极有可能是ATP耗尽所致。卵子在受精之前就需要大量ATP，以储备好下一阶段所需的巨大能量，精子一旦进入卵子，受精作用发生，就需要消耗大量的能量。精子是否能够抵达并进入卵子，其自身的ATP供应至关重要。精子中的ATP密集于精子颈部的线粒体中。当受精过程完成时，细胞就开始快速分裂了，胚胎是否能继续发育直至完成取决于以ATP形式供给的能量是否足够。胚胎学家对一些容易得到的青蛙、海胆的受精卵进行了研究，他们发现，如果ATP的含量低于一定的极限值，受精卵将很快停止分裂并死去。

看起来，胚胎学实验室与苹果树之间没有什么联系。可是，苹果树上的知更鸟鸟窝里的那些蓝绿色鸟蛋，它们的生命之火仅仅燃烧了几天就熄灭了；高耸的佛罗里达松树顶部的鸟窝里，三枚白色的蛋也是冰凉而无生命的。知更鸟和鹰怎么不去孵蛋呢？这些鸟蛋是不是跟那些实验室中的青蛙卵一样，因为缺少产生能量的ATP分子而发育中断了呢？ATP缺乏是否是因为成鸟体内和鸟蛋中已经积累了一定量的农药，所以产生能量的氧化作用的轮子停止转动了？

是否有杀虫剂在鸟蛋中积累，这根本不用猜测，因为对这些鸟蛋进行检测比研究哺乳动物的卵细胞要容易多了。无论作为实验动物的鸟儿，还是野外的鸟儿，只要在它们的蛋中检测出了农药，就能发现其中含有大量的DDT和其他烃类，而且浓度很高。对加利福尼亚州的野鸡蛋进行检测发现，DDT的含量高达349PPM。在密歇根州，人们对DDT致死的知更鸟输卵管中的蛋进行了检测，DDT的含量在200PPM以上。由于成年知更鸟中毒死亡，那些躺在鸟窝中无人问津的蛋中也被检测出含有DDT。因为附近农场使用艾氏剂而中毒的母鸡，它们的蛋里也含有艾氏剂。在一项实验中，给母鸡喂食DDT，结果母鸡下的蛋中DDT含量高达65PPM。

其实，DDT和其他的（可能是全部的）氯化烃类会通过抑制一种特定的酶，或者通过破坏产生能量的耦合作用使氧化循环中断。这样就不难理解，含有大量毒素的鸟蛋为什么不能完成其复杂发育过程了——细胞经过无数次分裂，逐渐形成组织和器官，最后形成最关键的物质以发育成为一个鲜活的生命。这个过程需消耗大量的能量，必须靠不间断的新陈代谢生成带有ATP的线粒体。

这种灾难不仅在鸟类中爆发。ATP是所有生物体中普遍的能量传递者，无论是鸟类还是细菌，无论是人类还是鼠类，ATP都在它们体内发挥着同样

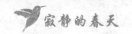

的效果。因此，杀虫剂存在于任何生物胚胎细胞中的事实同样不利于我们，它表明人类也将受到一定的影响。

产生胚胎细胞的组织中进入了化学物质，说明胚胎细胞本身也含有这些化学物质。作为实验动物的野鸡、老鼠和豚鼠，生活在榆树喷药区的知更鸟，为防治云杉蚜虫而喷药的西部森林中的鹿，以及各种鸟类和哺乳动物的生殖器官中都存在着一定剂量的杀虫剂。通过对一只知更鸟进行检测，人们发现其体内DDT的含量最高的器官是睾丸；野鸡的睾丸中也积累了高于1 500PPM的DDT。

通过对一些哺乳动物进行试验，人们发现DDT在动物生殖器官中积累会导致生殖器官萎缩。接触过甲氧氯的小老鼠，其睾丸要小很多。当给一只公鸡喂食DDT时，其睾丸只有正常公鸡的18%大小，而依赖于睾丸激素发育的鸡冠和垂肉也只有正常大小的1/3。

ATP缺少也会明显影响精子本身。实验表明，精子的活动能力会因为摄入二硝基苯酚而减弱，因为二硝基苯酚会破坏能量的耦合作用，导致能量供应减小。其他化学物质也有同样的作用。已有医学报告称，从事空中喷洒DDT的工作人员的精子已出现衰退迹象。

对于整个人类而言，我们先天具有的遗传物质比个体生命要宝贵得多，它联系了我们的过去和未来。经过漫长的演进，我们的基因不仅塑造了我们如今的样子，还掌握着人类未来的命运。可是如今，人为因素造成的危害已经威胁到我们所处的这个时代，"这是对人类文明的最后的和最大的威胁"。

化学药物和放射作用再一次展现了无可否认的相似性。

放射性给活体细胞带来各种伤害，破坏了其正常分裂的能力，可能改变其染色体结构，使带有遗传物质的基因发生"突变"，而在其后代身上出现新的特征。极为敏感的细胞会马上被放射物质杀死，或者在多年之后转变为恶性细胞。

人们使用了一些类放射性的化学物质对放射作用的危害进行了再现和还

原，许多除草剂或杀虫剂中的化学物质就属于这一类。它们会破坏染色体，妨碍细胞的正常分裂，甚至引起细胞突变。这些化学物质对遗传基因的破坏，不仅能使接触了农药的某个生物体患病，还会影响其后代。

在几十年前，人们还不知道放射作用的危害，更不了解这些化学物质会产生什么影响；那时，人们还没能将原子分离出来，能够模拟放射作用的化学物质也还没有从化学家的试管中研制出来。直到1927年，得克萨斯大学的一位动物学教授赫尔曼·穆勒博士发现，暴露于X射线中的生物体会在其后代中产生突变。由于这一发现，科学和医学新领域的一扇大门被打开了。穆勒博士因此获得了诺贝尔医学奖。随后，放射性的后果传遍了整个世界，即便一个普通人也知道放射性有什么危害。

在20世纪40年代初，还有一个很少被人注意到的发现。爱丁堡大学的夏洛特·奥尔巴赫和威廉·罗伯逊在对芥子气进行研究后，发现这种化学物质导致了染色体的永久性变态，这种变态与放射作用造成的变态极为相似。通过果蝇实验（穆勒博士在他的X射线影响的初期研究中也曾用果蝇作为实验对象），人们发现芥子气同样引起了果蝇的基因突变。这样，人们首次发现了导致基因突变的一种化学物质。

如今，人们已经发现了许多与芥子气一样，可以改变动植物遗传基因的化学物质。为何化学物质会使遗传过程发生改变，我们可能需要先了解生命初始阶段的基础演变。要使身体慢慢长大、生命之河源源不断，那么身体组织和器官的组成成分——细胞就必须不断增殖。通过细胞的有丝分裂或核分裂，这一过程就能实现。当一个细胞将要分裂时，细胞核会首先出现变化，然后慢慢扩展到整个细胞。在细胞核中，染色体率先发生位移、分裂，然后排成一种特定的模式，把携带遗传物质的基因传递到子细胞。每一个新生细胞都是以这种方式获得了一整套的染色体，而染色体中则含有全部的遗传信息密码。而生物种属的完整性就是用这种方法保留下来的，所以有了"龙生龙，凤生凤，老鼠生来会打洞"的说法。

在胚胎细胞形成的过程中，还有一种比较特殊的细胞分裂类型。因为每种生物的染色体数目是一个常数，所以结合成新个体的卵子和精子只能携带一半数目的染色体。在生殖细胞的分裂过程中，染色体的变化极其精确，染色体自身此时并不分裂，而是由每对染色体中的完整的一条进入每一个子细胞中。

所有生命处于这个发展阶段都是如此。地球上的全部生命都会经历细胞的分裂，人或者变形虫，高大的水杉或是极小的酵母细胞都是如此，失去了细胞的分裂作用，所有生命都将不复存在。因而，任何妨害细胞有丝分裂的因素都对有机体的兴旺发展及其后代是一个严重威胁。

"作为某些细胞组织的主要特征，有丝分裂已经存在近5亿年，甚至近10亿年。"乔治·盖洛德·辛普森和他的同事皮特德利、蒂夫尼合著了一本内容广泛的书——《生命》，在这本书中，他们写道："虽然生命世界从某种意义上来说虚弱而又复杂，但是它历时却非常长久——甚至比山脉都要经久不衰。这完全是依靠几乎不可思议的精确性——遗传信息精确地从一代复刻着一代。"

可是千百万年过去了，这种"几乎不可思议的精确性"在20世纪中期遭到了前所未有的打击——人造放射物质、人造及人类散布的化学物质给这种精确性造成了深重的威胁。著名的澳大利亚医生、诺贝尔奖获得者麦克法兰·博纳特先生认为，在我们所处的时代，上述情况是"最重要的医学特征之一，随着医疗手段和新型化学药物的发展，保护人体内部器官免受诱变因素危害的屏障已经不断地遭到突破"。

我们对人类染色体的研究处于起步阶段，所以环境因素对染色体究竟有何影响也是从最近才开始研究。1956年，新技术的出现使科学家终于精确测定了人类细胞中染色体的数目（46个），并使观察染色体整体或片段是否存在成了可能。环境中的某些因素会损害遗传物质的概念相对较新，所以除了遗传学家以外，几乎很少有人知道，所以专家们的意见很难被采纳。如今，各种放射性危害已经众所周知了，可是一些地方依然在竭力否认，这太令人吃惊了。穆勒博士经常惋惜地说，"不单单是政府部门的决策者，就连很多医学专家都坚决否认遗传原理"。到现在公众还不知道，化学物质和放射性一样，都能改变生物的遗传物质，这其中也包括大部分医学专家和科技人员。正因如此，化学物质广泛使用（并非用于实验室）的影响至今没有得到评估，但这种评估是极其必要的。

麦克法兰先生并不是第一个预测到这种潜在危险的人。英国一位著名的权威专家——皮特·亚历山大博士曾说："与放射性作用相似的化学物质意味着比放射性危害更大的威胁。"根据其在基因领域几十年的研究经验，穆勒博士发出警告说，各种化学物质（含农药等化学物质在内）"能够像放射性一样提升基因突变的发生频率……现在，人们经常接触不同寻常的化学物质，我们的基因已经遭到了致变物一定程度的影响，至于人类基因受到影响的程度如何，我们至今还一无所知"。

或许因为人们发现化学致变物只是出于学术上的兴趣，所以这个问题遭到了人们的普遍忽视。氮芥子气一直都是被实验生物学家或生理学家用于癌症的治疗（用这种方法治疗染色体破坏的案例已经在最近被报道了），并没有从高空向人群喷洒，可是杀虫剂和除草剂已经跟人类密切接触了。

只要稍稍留意这个问题，就能收集到很多记载着农药如何侵害细胞的专门资料。从微小的染色体损坏到基因突变，甚至导致灾难性的后果，这些都有资料记载。

几代生活在DDT影响之下的蚊子，会变成一种被叫作雌雄同体的奇怪生物——一半是雄性，一半是雌性。当植物被苯酚处理过之后，其染色体遭到了损坏，基因产生了变化，突变和"不可逆的遗传改变"出现了。接触过苯酚后，遗传实验学的经典对象——果蝇身上也产生了突变。当接触了常见的除草剂或尿烷后，果蝇会因剧烈的基因突变而死亡。尿烷属于氨基甲酸酯类化学物质，许多的杀虫剂及其他农药都含有这类化学物质。有两种氨基甲酸

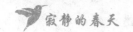

酯被用来防止马铃薯在储藏中发芽，因为它们可以使细胞分裂中止。马来酰肼作为其中的一种，被认定为强力的致变物。

植物在经过六氯联苯或林丹处理后，会长得变态扭曲，根部长着肿瘤一般的块状突起物。它们的细胞因为染色体数目的倍增而膨胀起来，而且这种现象在以后的细胞分裂过程中将一直保持下去，直到细胞不得不停止分裂为止。

植物在喷洒了除草剂2,4-D后，根部也会产生肿块，而染色体则会变短、变厚，聚拢起来。细胞分裂被强力地阻滞了。这种危害据说与X射线的照射效果很像。

这仅仅是少量的例证，类似的情况还有很多。可是，目前关于农药致变作用的后果的研究一直没有进行。以上提及的事实不过是细胞生理学或遗传学研究的副产品，直接针对这个问题进行研究。

一些科学家虽然承认环境放射性对人体有危害作用，却对化学物质是否具有同样作用持怀疑态度。他们举证了大量有关放射性物质侵害机体的事实，然而却不相信化学物质也能到达胚胎细胞。此时，我们依然缺乏对人类自身的直接研究。可是，我们曾在鸟类和哺乳动物的生殖器官和胚胎细胞中发现了大量的DDT积累，这将是一个很有说服力的证据，至少表明氯化烃不止广泛存在于生物体内，还接触到了遗传物质。近来，宾夕法尼亚州立大学的D.E.戴维斯教授发现，能中止细胞分裂并应用于癌症治疗的强效化学物质会导致鸟类不孕。即便不能致死，这类化学药物也足以中止生殖器官的细胞分裂。戴维斯教授的野外实验已经成功开展。但显而易见的是，人们希望并相信环境中的各种化学物质不会对生物的生殖器官造成危害，这是不可能的。

近来，染色体变态领域所获得的研究发现极具价值，使人很感兴趣。1959年，英国、法国的一些研究小组在各自独立进行了一些研究后，得出了相同的结论——人类所患的某些疾病是因为染色体数目异常造成的。因为他们所研究的某些疾病和畸形的患者，染色体数目都与正常数目不同。这就解释了通常所说的唐氏综合征患者为什么会多一条染色体。有时，其中的一条染色体会附着在另外一条染色体上，所以染色体总数还是正常的46个。但最为常见的是，有一条独立的多余染色体存在，染色体总数是47个。这些疾病的成因可能要追溯到上一代。

对于英国和美国那些患有慢性白细胞增多症的患者而言，则是另外一种机制在起作用。在一些患者的血液细胞中，我们同样发现了染色体变态。这个变态涵盖染色体部分残缺。在这些患者的皮肤细胞中，染色体数目仍是46个。这意味着，染色体的残缺并非产生于胚胎细胞分裂阶段，而是产生于某些特定的细胞中（在这个案例中，血液细胞最先遭到侵害），产生于生物体自身的生活过程中。某个染色体的残缺会导致这些细胞失去发出指挥正常行为的"指令"的能力。

自从人类的认识步入这一领域后，与染色体破坏相关的疾病和缺陷正在惊人地增长，如今已非医学范畴的知识可以解释。目前仅知一种名为克兰弗特病的并发症是由某种性染色体的倍增所致。患此病的生物一般为雄性，其携带有两个X染色体（染色体为XXY型，而非正常雄性染色体的XY型）。这种情况导致的不孕症经常伴随着身高过高和智力缺陷症状。相反地，仅有一个性染色体（即XO型，而非XX型或XY型）的生物体为雌性，但缺少第二性征。这类患者还常伴随着很多生理的（有时是智力的）缺陷，因为X染色体必然带有各种特征的基因。所谓的反转并发症，说的就是这类病症。这些病的成因被揭示之前，医学文献中已经对这类病症有相关记载了。

很多国家的研究者已经完成了大量的关于染色体变态的研究工作。在威斯康星州大学，以克劳斯·伯托博士为首的一个研究小组一直致力于研究各种先天性变态，其中也包括智力发育迟缓。其实，智力发育迟缓是因为一条染色体的部分倍增造成的，就像是在胚胎细胞初步形成时，其中一条染色体被打碎了，但它的碎片未能适时地重新排列。这样，胎儿的正常发育就受到了干扰。

我们知道，人体中如果出现一条多余的染色体，后果几乎是致命的，它会使胎儿无法存活。如果真出现了这种情况，婴儿目前已知只有三种存活下去的方式，其中之一是唐氏综合征。一条多余染色体的碎片固然会危害很大，但并不一定会致死。威斯康星州的研究者们发现，此种情况证实了至今尚未被搞清楚的一些病例的根本成因，在这些病例中，有的孩子一出生就带有多种先天缺陷，智力发育迟缓是较为常见的一种。

这是研究工作的一个新课题。迄今为止，科学家一直都将研究的重点放在了致病染色体变态的鉴定工作上，深入的原因并没有正式探究。如果认定细胞分裂过程中导致染色体损伤的是某个单独的物质，那么这种想法肯定是无法令人信服的。可是，化学物质遍及我们生活的每一个角落，这一事实我们难道可以视而不见吗？这些化学物质攻击着人类的染色体，引发上述一系列病症。为了不让土豆发芽或者消灭院子里的蚊子，我们付出的代价会不会过高了些？

只要我们愿意，我们就可以减少对自身基因的侵害。细胞质历经了约20亿年的进化和选择，才形成了如今我们身体里的基因，其实它只是暂时属于我们，之后还会传递给我们的子孙后代。可是，我们竟然没有办法保护基因的完整性。虽然化学物质生产商按照法律要求对产品的毒性进行了检验，可是却没有法律要求他们必须检验这些化学物质对基因的危害，并且他们也不可能这样去做。

第十四章　1/4的概率

从很久以前，生物就开始与癌症作斗争了。癌症的最初起因由于时间太过久远而无从知晓，但最初的致癌原因应是来自自然环境的。不论什么生物居住在自然环境中，太阳、风暴和地球古代自然界都会将许多或好或坏的影响施加给这些生物。自然环境中的某些因素导致了灾难，生物面对这些灾难，只能去适应，否则就会被淘汰。阳光中的紫外线会引发恶性病变，某些岩石中放出的射线同样如此，从土壤或岩石中冲淋出来的砷，是造成食物或饮水污染的罪魁祸首。

先于生命出现之前，一些敌对的因素就已经在环境中存在着了。而当生命出现且发展演进了几百万年之后，这些敌对因素大大增加且种类繁多。经过了漫长的自然选择，生物逐渐与破坏力适应；一些适应能力差的物种被淘汰了，而那些对环境有抵御能力的物种存活了下来。目前，自然环境中的致癌因素仍然会导致恶性病变，但它们数量极少，并且生物早已适应了它们那种古老的作用方式。

一些不同寻常的情况随着人类的出现而出现了，因为跟其他所有形式的生物不同，人类能够自主创造致癌物质（医学上称为致癌物）。几百年来，很多人造致癌物已与环境密不可分，其中就有携带芳烃的烟尘。工业时代加速了我们所处的世界的变化，人造环境正在取代自然环境，而所谓的人造环境，其实是由很多新的物理和化学因素所塑造的，能引起生物学上的巨大变化。迄今为止，人类在自身活动中已创造出了很多的致癌物，而人类自身正饱受其害。这是因为人类的生物学遗传的进化过程非常缓慢，不能快速适应新的情况。所以，这些强大的致癌物轻而易举就能击垮人类。

癌症已经存在很长一段时期了，但是致癌的原因是什么，我们的认识相当迟缓、滞后。在大约200年前，一位伦敦的医生最先发现外部或环境的因素可引发癌变。1775年，波斯瓦·波特先生提出，扫烟囱的人普遍所患的阴囊癌必定与他们体内积累的煤烟有一定关联。虽然他当时没能提供确凿的科学"依据"，但是如今，这种致死的化学物质已经被从煤烟中提取出来了，这证实了他的断言。

波特先生发现，当环境中的某些化学物质多次与皮肤接触，或者通过呼吸、饮食等进入人体，都会导致癌症。这之后的100多年内，这方面的认识基本处于停滞状态。人们早已发现，在康沃尔和威尔士的铜冶炼厂、锡铸造厂里，皮肤癌正在每天接触砷蒸汽的工人之间盛行。人们也意识到，在萨克森州的钴矿和波西米亚的约阿希姆斯塔尔铀矿中，一种肺部的癌症也正在肆虐。然而，这些情况都发生在矿区。可是当工业大规模扩张之后，每一个生命体都深受其害了。

在19世纪最后的25年中，人们才开始对这些源于工业生产的恶性病变提高警惕。大约在巴斯德揭示微生物才是许多传染病的病因之时，癌症的致病病因才被另外一些人发现。在撒克逊新兴的褐煤工业和苏格兰页岩工业的工人之间普遍爆发的皮肤癌及其他癌症，都是因为职业而长期接触柏油和沥青所致。在19世纪末，人们发现了6种工业致癌物；到了20世纪，人们新创造的致癌化学物质不仅不计其数，而且广泛存在于民众的生活环境中。在波特先生的那次研究之后的不到两个世纪中，环境状况的变化广泛而深刻。人们与危险化学物质的接触已经不仅局限于某些特殊职业群体了，它们遍及每个人生活的各个角落——甚至包括儿童和尚未出生的胎儿。由此，恶性病变的骤然增多并不奇怪。

恶性病剧增的现象并非主观臆想。1959 年 7 月，人口统计局月报对包括淋巴和造血组织癌变在内的恶性疾病的增长情况进行了报道，1900 年的死亡率仅为 4%，而 1958 年增长到 15%。根据目前这类疾病的发病率，美国癌症协会预计，全部美国人中将有 4 500 万人患上癌症。这就意味着，每三个家庭中有两人会得癌症。

孩子患癌的情况就更令人深感不安了。25 年前，如果有孩子得了癌症，会被医学上认为是极为罕见的事。可如今，在患病死去的美国学龄儿童中，死于癌症的孩子人数是最多的。鉴于当下这种严峻的形势，波士顿设立了美国第一所治疗儿童癌症的医院。在 1 到 14 岁死亡的孩子中，12% 的孩子都是死于癌症。临床发现，5 岁以下的儿童中有大量的恶性肿瘤病例。更恐怖的是，在已出生或待产的婴儿中，这种恶性肿瘤也在剧增。美国癌症研究所的环境癌症权威人士 W.C.休珀博士说，先天性癌症和婴儿患癌很可能是因为母亲在怀孕期间接触了致癌物所致，这些致癌物质进入胎盘后会危害发育中的胎儿。实验表明，越是年幼的动物，接触了致癌物质后，越容易患癌。佛罗里达大学的弗朗西斯·雷博士发出警告："因为化学物质污染了食物，所以如今的孩子们很可能会患上癌症……在一两代时间内，我们无法预料会出现什么样的后果。"

在这里，我们需要关注的一个问题是，我们为了征服大自然而使用的化学物质中，对引发癌症起着直接或间接作用的究竟是哪些。通过动物实验，我们锁定了 5 种或 6 种农药为致癌物质。如果算上医学上那些会导致人类白细胞增多症的化学物质，致癌物的队伍就更加壮大了。当然，这些结论是由事实情况推测而来的，因为我们不能利用人去做试验，所以也只能依靠推测。但这个结论依然让人难以忘却。还有一些化学物质会间接使活体组织或细胞

致癌，如果算上它们，致癌物的名单就更长了。

砷是最早被使用、与癌有关的农药之一，其最常见的存在形式就是砷酸钠除草剂。在人类与动物中，砷很早就与癌有所关联。在《职业性肿瘤》一书中，休珀博士提到了一个与砷有关的案例。近千年来，西里西亚的雷钦斯坦城一直是出产金银矿藏的地方，并且近几百年人们又发现了砷矿。几个世纪中，含砷废料一直堆放在矿井附近，废料中的砷被山中的流水冲走。结果，地下水被砷污染了，饮用水里也有了砷的存在。所以，后来被称之为"雷钦斯坦病"的一种砷慢性病袭击了当地的许多居民，他们出现了肝、皮肤、消化和神经系统紊乱的症状。并且，这种病还常常伴生恶性肿瘤。如今，雷钦斯坦病只存在于历史了。因为25年前有了新水源替换后，水中的砷已经基本清除掉了。阿根廷的科尔多瓦也出现了类似的情况——饮用水来自含砷岩层，所以当地居民普遍患上了一种由慢性砷中毒引起的皮肤癌。

长期使用含砷杀虫剂的后果其实与雷钦斯坦和科尔多瓦发生的情况相似。美国西北部的烟草种植区、大片果园区和东部蔓越橘种植区，那里的土壤浸透了砷，所以极易导致水污染。

环境如果受到砷污染，那么遭殃的不仅是人，还有各种动物。1936年，德国出现了一份蕴含深意的报告。在撒克逊的弗雷贝格附近，银、铅冶炼厂不断向空气中排放含砷气体，这些气体飘到周围农村，并最终降落在植物上。根据休珀博士报道，以这些被污染的植物为食的马、母牛、山羊和小猪，出现了毛发脱落和皮肤增厚的症状。在附近森林中栖息的鹿，有的身上会出现异常色斑和癌症前期的疣。这是典型的癌变。家养动物也好，野生动物也好，它们中都出现了"砷肠炎、胃溃疡和肝硬化"症状。在冶炼厂附近放牧的绵羊患上了鼻窦癌；在死去后，它们的大脑、肝和肿瘤中都被检测出了砷。在该地，还有"大量昆虫死亡，尤其是蜜蜂。下雨之后，雨水将树叶上的含砷尘埃冲到地面，汇入小溪和池塘，鱼也大批大批地死掉了"。

普遍用于消灭螨和扁虱的一种化学物质，属于新型有机农药类致癌物。

这种农药的存在历史说明：即便法律在尽力保护民众，但为控制中毒情况而制定的法律诉讼进程非常之慢，以至于民众在判决前已经长期接触着这种已知的致癌物。换种角度来看，这个过程也挺讽刺的。它表明，今天对民众所说的"非常安全"的东西，到了明天也许就变得非常危险了。

1955 年，美国引进这种化学物质时，制造商就提出了一个所谓的容许值，允许粮食作物在用药后含有少量毒素。根据法律要求，制造商用这种化学物质在动物身上做了试验，并提交了实验报告。可是，食品与药品管理局的科学家们认为，试验恰恰证实了该化学物质具有致癌倾向，所以它们提出了"零容许值"，即法律禁止在州际运输的食物中含有任何残毒。不过，制造商对此进行上诉，委员会重新做出了一个折中决断：将容许值定为 1PPM，同时允许产品投入市场试销两年，逐步确定该化学物质是否真的可以致癌。

虽然该委员没有明说，但这一决定表明民众必然扮演实验室动物的角色，比如豚鼠、狗和老鼠。不过，动物实验在两年之后终于证实，这种杀螨剂果然可以致癌，它的残毒还污染了民众的食物。即便如此，1957 年，食品与药品管理局依然没能马上废除该致癌物的残毒容许值。之后，走各种法律程序又花费了一年时间。直到 1958 年 12 月，食品与药品管理局委员会 1955 年提出的零容许值才开始正式确立。

这绝不是唯一存在的致癌物。在动物实验中，DDT 被发现可以导致肝肿瘤。食品与药品管理局的科学家们曾经报道了这些肿瘤的发现，但他们不知道该将这些肿瘤归于哪一类，只是觉得"它们应该是一种低级的肝细胞癌肿"。如今，休珀博士非常明确地评价 DDT 为"化学致癌物"。

两种除草剂 IPC 和 CIPC 属于氨基甲酸酯类，它们被证实可以引起老鼠皮肤肿瘤，而且其中不乏恶性肿瘤。这些化学物质引发了恶性病变，后来又受到外界广泛使用的某种其他种类化学物质的影响，所以导致了彻底的病变。

除草剂氨基三唑可致实验动物罹患甲状腺癌。1959 年，种植蔓越橘的人滥用这种化学物质，所以残毒不可避免地出现在橘子中，并进入市场销售。

食品与药品管理局没收了这些含有毒素的橘子，引发人们的争论，很多人纷纷对有毒的橘子提出控诉，甚至许多医学与药物管理处都提出了切实的科学证据来证明氨基三唑对实验鼠类的致癌作用。当实验动物被喂以100PPM的含有这种物质的饮水时，在第68周时便会出现甲状腺肿瘤。两年之后，实验用的老鼠中半数以上都出现了甲状腺肿瘤，良性与恶性肿瘤都有。当饮水中的药物含量降低时，还是会出现这类肿瘤——事实上，无论药物含量多么低，都会引起肿瘤。当然，氨基三唑达到多少含量时会对人致癌还无从知晓，但正如哈瓦德大学的医学教授大卫·鲁茨坦博士所说，一定存在这样一个标准剂量，这一剂量看来无关紧要，却对人性命攸关。

直到现在，人们依然没有搞清楚氯化烃杀虫剂和除草剂的影响。很多恶性病变发展得极为缓慢，受害者需要经历一生中相当长一段时间后才会表现出临床症状。在20世纪20年代早期，妇女们因为在钟表表面涂发光物质，结果口唇不小心接触到毛刷而吞入了微量的镭；其中一些妇女在15年甚至更长时间之后，患了骨癌。在15年至30年或更长一段时期，因为职业原因长期接触化学致癌物而引发的一些癌症才真正爆发出来。

与暴露在工厂各种致癌物中的工人相比，军事人员首次接触DDT大约在1942年，普通民众是在1945年。直到20世纪50年代初，各种各样的杀虫剂才投入市场。这些化学物质已经为各种恶变埋下了隐患，灾难正在悄然而至。

其实，大多数恶性病变的潜伏期都比较长，可是一种广为人知的病例除外，它就是白细胞增多症。日本广岛的原子弹爆炸后仅3年，白细胞增多症就在幸存者中开始出现，当前还没有哪种癌症的潜伏期比这更短。或许以后还会发现潜伏期相对更短的其他类型的癌症，但目前看来，白细胞增多症的确是一个特殊的例外。

在这个农药泛滥的时代，白血病的发病率在不断攀升。从国家人口统计局的数据来看，血液的恶性病变正在急剧增长。1960年，死于白血病的患者有12 290人。1950年，死于所有类型的血液和淋巴恶性肿瘤的患者有16 690

人，而 1960 年却猛增至 25 400 人。其死亡率由 1950 年的 111PPM 增长到 1960 年的 141PPM。不仅在美国，其他所有国家登记在册的各种年龄的白血病死亡率都在以每年 4% 至 5% 的比率在增长。这是否说明了，现代人正长久地暴露于某种或某些致毒因素之中，而这些致毒因素对于我们环境来说是以前并不存在的呢？

很多诸如梅约诊所这样闻名世界的机构，确诊的血液疾病患者已达数百人。在梅约诊所血液科工作的马尔克姆·哈格莱维斯及其同事在报告中宣称，这些血液疾病患者曾无一例外地暴露在有毒化学物质中，包括喷洒含有 DDT、氯丹、苯、林丹和石油的药雾。

哈格莱维斯博士确信，随着各种有毒化学物质的使用，相关的疾病患者一直在增多，"尤其在最近 10 年"。他依据自身多年的临床经验判断"血液疾病和淋巴疾病的大部分患者都有一段曾暴露于各种烃类农药的经历。从一份详尽的病历记录中我们一定可以看到这一点"。该专家如今掌握了大量患者详尽的病历记录，这些患者所患的病症有白血病、发育不良性贫血、霍金斯病及其他血液和造血组织的紊乱。他在报告中称："他们全都曾暴露在所处环境中的致癌因素中。"

这些病历记录能说明什么问题呢？让我们来看看一位讨厌蜘蛛的家庭妇女的病历记录。8 月中旬，这位妇女在她家的地下室喷洒了含有 DDT 和石油蒸馏物的药剂。楼梯下，水果柜内，以及所有围绕着天花板和椽子的，蜘蛛可能栖身的地方都被喷了药。当全部工作完成后，她开始感到非常不适，恶心、烦躁和精神紧张。在之后的几天，她觉得情况有所好转，但很显然，她根本不知道自己为何会产生不适。9 月，整个不适的过程又重复了一次：她又在地下室喷了两次药，于是病倒了，然后又暂时地恢复了健康。当她第三次喷药后，发烧、关节疼痛等新症状出现了，她的一条腿还患上了急性静脉炎。哈格莱维斯博士为她检查后，确诊她得的是急性白血病。确诊后第二个月，她就死了。

哈格莱维斯博士还有一位病人是一个办公室职员，他的办公室在一所老旧的大楼里，那里时不时会有很多蟑螂出现。因为对这些蟑螂感到困扰，他就自己动手去对付它们。在某个周末，他花了大半天时间去喷洒所有的地下室，以及房屋的各个角落。药剂是浓度为25%的、处于悬浮状态的、溶于甲基萘溶液的DDT。不一会儿，他就开始皮下出血和吐血。在进入诊所时，他还在大出血。对他的血液进行检测后发现，他患上了严重的骨髓衰弱症——再生障碍性贫血。在以后的5个半月里，除了其他辅助性的治疗外，他一共接受了59次输血才局部恢复了健康，但大约9年之后，他还是得了致命的白血病。

这些病历中提到次数最多的农药是DDT、林丹、六氯联苯、硝基酚、普通防虫的对二氯苯和氯丹，以及溶解这些药物的溶剂。正如一位医生所说，暴露于某种单一化学物质的情况并不常见，要算是特殊情况；因为这些药品通常都含有多种化学物质，而将这些化学物质制成悬浊液所使用的石油分馏物也掺杂着一些杂质。含有芳香族和不饱和烃的溶剂本身很可能会损害造血器官。这一差别从农药使用的角度（而非医学的角度）来看，并不很重要，因为就算是最普通的喷药操作，也不可能缺少这类石油溶剂。

美国和其他国家的医学文献中也记载着许多有价值的病例，它们使哈格莱维斯博士相信，白血病一定与这些化学物质存在着联系。这些病例中的患者，很多都是我们日常生活中的普通人：有被自己的喷药装置或飞机喷洒的药物毒害的农夫，有在自己的书房喷药灭蚁后还待在里面学习的学生，也有在自己家安装了林丹喷雾器的妇女，还有在棉花地里喷洒过氯丹和毒杀芬的工人，等等。在专业医学术语的半遮半掩之下，隐藏着许多使人落泪的悲剧，捷克斯洛伐克的两个表兄弟身上发生的事情就是其中一例。两个人住在同一个城镇，还经常一起工作。他们所做的最后一项、令他们致命的工作是，在一家农场卸运袋装的六氯联苯杀虫剂。8个月后，其中一个人患上了白血病，并于9天后死亡。而这时，他的表兄也开始发热并感到全身无力。3个月内，他的症状加重。后来，他也住院了，再一次被确诊为急性白血病，最终不幸死去。

还有一个瑞典农夫的病例，总是使人禁不住想起日本渔船"福龙号"上的久保山的故事[1]。正如久保山一样，这个瑞典农夫一直身体健康，他在田地里辛苦耕耘就像久保山在海洋上捕鱼为生一样。但从天而降的毒药宣判了他们的死刑。前者是致命的放射性微尘，后者则是化学药粉。该农夫在大约60英亩土地上撒了含有DDT和六氯联苯的药粉，当他撒药时，一阵阵的风吹得药粉到处飞扬。当天晚上，他感到全身无力，而且在以后的几天中，背疼、腿疼、全身发冷也折磨着他。他不得不卧床休息，路德医务所的报告称："他的情况在不断恶化，在喷药一周后的5月19日，他要求住院治疗。"他发着高热，血液细胞计数结果也不太正常。随后，他被转院至大路德医务所，最终在那儿死去，死的时候他患病才两个月。尸检结果表明，他的骨髓已完全萎缩了。

细胞分裂这样极为重要的过程竟然被破坏了，这是异常具有破坏性的，如今已引起了科学家们的极大重视，并且耗费了巨资进行研究。一个细胞中到底产生了什么变化，竟使得细胞的规律性增长被扰乱、癌瘤胡乱增生了呢？

如果将来能够找到答案，那么答案必定是多样的。因为癌症本身形态多样，其病源、发展过程和控制其生长或退化的因素各不相同，所以其呈现形式也多种多样，相应的致癌因素也必然多种多样。也许只有少数几种最基本的癌症表现为细胞受损。世界各地都在广泛开展研究，有时并不完全针对癌症。在研究的过程中，我们看到了些许希望，这预示着答案最终必然被揭晓。

我们进一步发现，只需观察构成生命的最小单位——细胞及其染色体，就能拨开云雾，获得更多有价值的信息。在这个微观世界中，我们必须找到

---

[1]日本渔船"福龙号"上的久保山的故事：1954年，日本渔船"福龙号"在远离美国氢弹试验禁区——马绍尔群岛最北端的比基尼岛外的公海捕鱼，不幸的是，一阵风将氢弹试验造成的放射性尘埃吹到渔船上，随后又伴随着降雨大量落下，而该渔船的报务员久保山因为好奇尝了尝这种尘埃而死亡，船上的其他渔夫也出现了急性中毒症状。

那些以某种方式破坏细胞的奇妙作用机制，并使其变得异常的各种因素。

一个令人印象深刻的、关于癌细胞起源的理论，由德国生物化学家、就职于马克斯·普朗克细胞生理研究所的奥特·沃伯格教授提出。沃伯格教授毕生都在研究细胞内氧化作用的复杂过程。因为所做的基础研究非常之多，所以他对细胞如何癌变这一问题的解释更引人重视、令人信服。

沃伯格认为，放射性致癌物和化学致癌物剥夺细胞能量的途径，都是通过破坏正常细胞的呼吸作用来实现的。频繁地、小剂量接触就能实现这一目的，这种影响一旦出现就不能逆转了。在毒剂的侵害之下，那些没有被杀死的细胞将竭尽全力地补充所失去的能量。它们无法继续进行能够产生大量ATP的、高效而出色的循环了，于是它们只能通过一种原始的、效率极低的方式进行呼吸，即发酵作用。发酵作用会持续很长一段时间，这种发酵的呼吸方式会在以后的细胞分裂过程中不断传递，所以新生的细胞全都以这种非正常的方式进行呼吸了。一个细胞一旦丢失了正常的呼吸作用，就无法失而复得，1年的时间不行，10年甚至更长的时间都不可恢复。但是，为补充所失去的能量，存活着的细胞开始一点儿一点儿地利用发酵作用来实现能量补充。达尔文所说的生存斗争就是这样，只有适应性最强的生命体才能存活下去。最后，这些细胞便达到了一种新的状态——通过发酵作用就能产生足够多的能量。在这个过程中，正常细胞已经逐渐变成了癌细胞。

沃伯格的理论在其他许多方面都为人们解惑释疑了。大多数癌症有相当长的潜伏期，其实就是细胞无限分裂所用的时间，这期间，正常细胞的呼吸作用被破坏，逐渐被发酵作用取代。发酵作用若要发展到起主导作用需要一定的时间，因为不同生物体内发酵作用的速度不尽相同，所以癌症在不同生物体内显现需要的时间也不同：在老鼠体内，发酵作用所需时间较短，所以癌症很快就显现；而在人身上发酵作用所需时间很长（可达几十年），人体癌变的速度是非常缓慢的。

在某些情况下，多次少量摄入致癌物为何会比一次性大量摄入更加凶险呢？沃伯格的理论给出了解释。一次性大量摄入致癌物会将细胞立即杀死，但少量摄入却能容许部分细胞存活，虽然它们正在受到威胁。那些存活下来的细胞以后仍然会发展成癌细胞。这也正是致癌物不会存在"安全"剂量的原因。

还有一个不可理解的事实，我们也能从沃伯格的理论找到答案。它就是，为何同一个因素既能治疗癌症，又能引发癌症。其实，放射性既能消灭癌细胞，也能引发癌症这一事实已经广为人知了。目前，人们用来抗癌的很多药物也同样如此。为什么呢？因为这类因素的共同点就是都能破坏呼吸作用。癌细胞的呼吸作用本就遭到破坏，所以加重破坏，它就死去了。而正常细胞的呼吸作用则是首次遭到损害，它不会立即被杀死，而是踏上了一条最终可能致癌的道路。

1953 年，另外一些研究者通过研究证实了沃伯格的理论。他们在一段较长的时期内，仅仅通过间断性地停止为正常细胞供氧，就将它们转变成了癌细胞。1961 年，沃伯格的理论再一次被证实。这一次，实验的对象不是人工培养的细胞组织，而是活体动物。研究者在患癌的老鼠体内注射了放射性示踪物质，并精确地测定了老鼠的呼吸作用，结果观察到发酵作用的速度比正常情况要高得多，与沃伯格的猜想完全相符。

根据沃伯格创立的标准，大部分杀虫剂都能达到致癌的标准。前几章中已经提到，很多氯化烃、苯酚和一些除草剂都会对细胞的氧化作用与能量产生作用或造成干扰。因此，这些物质会创造出一些长期休眠的癌细胞，并且无法被人察觉。当它致癌的病因已被人抛之脑后，甚至无人怀疑的时候，这些休眠的癌细胞才会显现在光天化日之下。

癌变的另一个致病因素是染色体异常造成的。对那些损害染色体、干扰细胞分裂或引起突变的因素，该领域的诸多权威专家都持怀疑态度。在这些人看来，任何突变都可能是潜在的致癌因素。虽然突变的理论常常会涉及胚胎细胞的突变问题，而这在以后的几代人中才可能被发现，但身体细胞的确

也会发生突变。根据突变致癌理论，一个细胞受到放射性或化学药物的影响可能会产生突变，而突变破坏了细胞的正常分裂机制，因此该细胞会疯狂地增殖。新的细胞正是这种非正常分裂的产物，所以它们也不受机体的控制，于是假以时日，这些细胞越积越多，就发展成了癌症。还有一些研究者发现，癌细胞中的染色体并不稳定，它们极易受损或破裂，并且数量多少也不正常，有时甚至在一个细胞中有两套染色体存在。

首次发现染色体异常与癌症之间关联的研究者是就职于纽约的斯隆—凯特林癌症研究所的阿尔柏特·莱文和约翰·J.波塞尔。当提及癌症和染色体异常究竟孰先孰后时，他们果断地说："染色体的异常在癌变之前就出现了。"他们推断，染色体最初遭到破坏并出现不稳定的情况后，许多正常的细胞在很长的一段时间内不断重蹈覆辙（这段时间就是癌症长久的潜伏期），在这段很长的时间内，突变不断积累，细胞开始摆脱控制而疯狂增殖，癌症就出现了。

欧几维德·温吉是较早倡导染色体稳定性理论的研究者之一，他认为染色体的倍增现象意义重大。研究者通过反复实验发现，六氯联苯及其同类化学物质林丹都能导致实验植物的细胞染色体倍增，而且很多记录在案的致命性贫血症都与这些化学物质有所关联。那么它们之间真的有什么联系吗？在如此多的农药中，哪些农药真正地影响了细胞分裂、损害了染色体并导致突变呢？

显然，白血病是因为接触了放射性或与放射性作用相似的化学物质而引发的最为常见的疾病之一。物理或化学致变因素主要损害的是那些正在活跃分裂的细胞。当然，许多组织都包含在内，不过造血组织是当中最为重要的。人体红细胞主要靠骨髓来制造，骨髓每秒可向人体血液中释放约1 000万个新生红细胞。而人体的白细胞则由淋巴结和一些骨髓细胞以不稳定的速度快速生成。

因为某些化学物质，我们不禁想到了放射性产物锶90，这些化学物质与骨髓病变有着密切的关联。在制作杀虫剂的溶剂中，最常见的成分是苯，它进入骨髓后可以在那里停留 20 个月。很多年之前，医学文献早已将苯确认为白血病的一个致病因素。

快速生长的儿童的身体组织，是癌细胞增殖的温床。麦克法兰·博纳特先生称，白血病不仅在全世界范围内迅速增长，而且在 3 至 4 岁的儿童中已极为常见，但其他疾病在该年龄段的儿童中却并未有高发现象。"白血病在 3 至 4 岁的儿童中高发，除了他们在出生前后就已遭到致变物的刺激这一原因，很难再找到其他合理的解释了。"这位权威说道。

尿烷也是目前已知的能引发癌症的致变物。用尿烷处理怀孕的老鼠后，不仅母鼠患上了肺癌，幼鼠也同样患上了肺癌。在该实验中，幼鼠唯一接触尿烷的机会就是在出生之前，这说明尿烷一定通过了胎盘。正如休珀博士所警告的，人们若是接触了尿烷及其同类化学物质，那么他们的婴儿也可能在出生前因为接触了化学物质而患上癌症。

诸如氨基甲酸酯这样的尿烷与除草剂 IPC 和 CIPC 是有化学关联的。人们无视癌症专家的警示，依然广泛使用着氨基甲酸酯。比如杀虫剂、除草剂、灭菌剂，以及增塑剂、医药、衣物材料和绝缘材料等，其中都有氨基甲酸酯。

癌症也可能由很多间接因素导致。一般来说，有些物质并不属于致癌物，却可以影响身体某些部分的正常机能，并引发癌变。对此，某些癌症可以作为重要的例证，尤其是生殖系统方面的癌症，它们的出现与性激素失衡关系密切。有时候，这些失衡的性激素反而会导致一些后果，使肝脏维持激素正常水平的功能受到影响。氯化烃就属于这一类因素，因为所有氯化烃都对肝脏有一定程度的毒害作用，因此它可以间接地致癌。

性激素在人体中维持正常水平时，可以促进生殖器官的生长发育。身体经过长期的发展，已经建立起一种可以消除多余性激素的保护机制，而肝脏就是保持性激素平衡的重要器官（不论何种性别都会产生雄性激素和雌性激素，只是数量比例不同而已），它可以防止任何一种激素在体内过量积累。但

如果肝脏因为患病或遭到化学物质侵害而缺乏维生素B，肝脏的调控功能就会遭到破坏。如此一来，雌性激素便会异常升高。

这会有什么后果呢？让我们看看动物实验方面的大量证据吧。有这样一个案例：一位洛克菲勒医学研究所的研究者发现，因为疾病而肝脏受损的兔子，子宫肿瘤发病率要高很多。研究者认为，很可能是因为肝脏已经无法消除血液中多余的雌性激素，所以"那些肿瘤才最终癌变"。通过对小白鼠、大白鼠、豚鼠和猴子的大量实验，研究者发现，长期小剂量摄入雌性激素会使生殖器官"从良性渐渐发展至恶性病变"。摄入雌性激素的欧洲大鼠，也极易患上肾脏肿瘤。

虽然医学上对于这个问题莫衷一是，但大量的证据都指向这样一个观点——人体组织也会发生同样的后果。麦吉尔大学皇家维多利亚医院的研究者发现，在他们研究过的150个子宫癌病例中，有2/3的患者体内雌性激素的水平都异常之高。而在后续的20个病例中，90%的患者体内雌性激素水平也都过高。

虽然现代医学技术无法检查出肝脏受到了什么损害，但它受损的程度可能已足以妨碍其调节多余雌性激素的功能。氯化烃的危害就在于此，大家都知道，少量摄入氯化烃就能引起肝细胞的变化，而且还会导致维生素B流失。这一情况相当重要，因为有证据表明维生素B可以有效抗癌。曾一度担任斯朗—凯特林癌症研究所指导者的C.P.罗兹发现，如果给一种接触了强烈致癌物的实验动物喂食酵母（富含维生素B），它们就不会患癌症。维生素B的缺乏还与口腔癌，以及消化道其他器官的癌相伴出现。研究者不仅在美国发现了这一情况，瑞典和芬兰的北部地区也同样如此，因为这些地方的人日常饮食中大多都缺少维生素。以非洲班图部落为代表的容易患早期肝癌的人群为例，其就是典型的营养缺乏所致。男性胸癌，在非洲的一些地方较为常见，与肝癌一样，都是营养缺乏所致。希腊曾在战后发生饥荒，而与此同时，男性胸癌患者也不断增多。

简而言之，之所以说农药具有间接致癌作用，就是因为它们被证实不仅损害肝脏，还会导致维生素 B 缺乏，从而使体内自生的雌性激素异常增多，间接引发癌变。除此之外，大量人工合成的雌性激素正不断向我们涌来——人们使用的化妆品、医药、食物中都含有雌性激素，而且因为职业原因，人们也会频繁接触雌性激素。这种共同施加的影响真的应该引起我们的重视。

人类接触致癌化学物质（含农药在内）大多身不由己，途径也多种多样。一个人能够通过许多不同的途径摄入同一种化学物质，一个很好的例子就是砷。在我们的环境中，砷存在的形式多种多样：它存在于被污染了的空气中、被污染了的水中、带有残毒的食物中、医药中、化妆品中、木料防腐剂中，以及油漆和墨水中等。在人类可能接触的众多途径中，没有哪一种可以单独危害人类，但任何单独一种途径设定的"安全剂量"都可能使负载了其他多种途径的"安全剂量"的天平翻倒。

此外，两三种不同的致癌物联合作用也可以使人类产生恶性病变。比如，当一个人正在接触DDT时，他几乎同时也接触了烃类，因为烃类常作为溶剂、脱漆剂、脱脂剂、干洗剂和麻醉剂而存在着。在这种情况下，DDT所谓的"安全剂量"意义何在呢？

上述情况其实并没有所描述的那么简单，因为还存在着这样一个事实，即一种化学物质可与另一种化学物质发生反应，从而使作用效果发生改变。有时，两种化学物质共同作用才会致癌，其中一种化学物质预先增强细胞或组织的敏感度，而另一种化学物质才能真正使细胞或组织癌变。其实，除草剂IPC和CIPC在皮肤癌的爆发上就起到了开辟者的作用，它为癌变埋下了种子，在其他一些化学物质（也许只是普通的洗涤剂）进入人体后，癌变就真正地爆发了。

深入来看，物理因素与化学因素间也可能存在着相互作用。白血病的发展过程可以分为两个阶段：初期，病变由X射线引发，随后摄入的尿烷等化学物质则不断促使癌变产生。人们如今日益频繁地接触各种放射性物质，加

之各种化学物质也被人们广泛使用，现代世界面临着从未出现过的严峻问题。

对于供水遭到污染这个问题而言，放射性物质又使其产生了另外一个问题。水因被污染而含有许多化学物质，其中的某些放射性物质会因游离射线的撞击作用而使水中这些化学物质的性质发生改变，结果组成这些化学物质的粒子便会以无法预测的方式重新排列组合而形成新的化学物质。

洗涤剂是广泛存在于公共供水中的污染物，如今成了一个大麻烦，整个美国的治理水污染的专家都在时刻关注着它，可是却没有找到合适的方法处理掉它。究竟什么洗涤剂属于致癌物，人们几乎还无法知道，但可以确定的是，洗涤剂能间接促发癌变。它们会作用于消化道内壁，使其产生变化，从而更容易吸收危险化学物质，由此助长化学物质对人体的影响。不过，谁能预知并控制这种作用呢？在这错综变幻的情况下，除非致癌物为"零剂量"，否则根本没有所谓的"安全"。

既然我们能够接受环境中存在致癌因素，那就要承受它可能造成的危害。目前发生的情况已经将这种危害清晰地展现出来了。1961年春，在许多属于联邦、州及个人的鱼类产卵地，一种肝癌在虹鳟鱼中普遍流行。美国东西部地区的鳟鱼遍受影响；3岁以上的鳟鱼几乎全部得了癌症。我们之所以能获知这一情况，是因为全国癌症研究所环境癌症科和美国鱼类及野生动物管理局已预先在观测所有鱼类肿瘤的方面达成了协作的共识，目的是通过水质污染预警人类的癌症危险。

研究人员至今还在寻找这种鱼类癌症普遍爆发的真实原因，但如今看来，最有可能的原因是：鱼类产卵地的饵料有问题。事实上，这些饵料中的化学添加物含量之多令人难以置信。

鳟鱼事件在多个方面都意义重大，但最重要的一点是，它充分表明当一种强效致癌物被引入环境中，将会有什么后果。休珀博士认为，我们必须从中吸取教训，今后要对那些数量庞大、种类繁多的环境致癌物的控制工作尤为重视。他说："如果再不采取一定的预防手段，那么这次发生在鳟鱼身上的灾难必将在未来蔓延到人类身上。"

如一位研究者所说，我们如今正生活在"致癌物的海洋中"，这实在令人沮丧，并且深感绝望和失败。对此，大众的普遍反应是："难道我们真的毫无希望了吗？""难道就不能将这些致癌物从我们的世界上消除吗？为何还要浪费时间进行其他试验，不如把我们全部的人力物力放在研制治疗癌症的良药上，难道这样效果不是更好吗？"

休珀博士——作为在癌症研究方面卓有成就的专家，他的话语具有举足轻重的地位——在面对这一问题时深思熟虑了许久，并基于其一生的研究经验给出了一个全面而客观的回答。在他看来，癌症的发展现状与19世纪最后几年人类遭遇传染病的情形极为相似。因为巴斯德和科赫的杰出成就，病原生物与许多疾病之间的关系已被确定。那时的医学界人士，乃至普通民众都认识到，人类环境中充斥着大量的、能够引发疾病的微生物，正如当前我们的身边到处都是致癌物一般。如今，传染性疾病大多都被人类控制住了，有的甚至已经被消灭掉了。这一辉煌的医学成就得益于人类两个方面的不懈努力——一方面预防，一方面治疗。不论外行人多么看重"灵丹妙药"，在抵抗传染病的实际斗争中，真正起决定作用的大多都是消灭环境中的病原生物。100多年前，伦敦爆发的霍乱就是一个历史例证。伦敦一位名为约翰·斯诺的医生将当时霍乱的爆发情况标示在地图上，结果发现全部的病例都来自同一个地区，而该地区所有居民的饮用水都取自波德街上的一个泵井里。斯诺医生迅速、果断地采取措施，将那个泵井的把柄更换了。霍乱就此被控制住——没有使用某一种药丸去消灭当时尚不被人知的、引发霍乱的微生物，而是直接将它们排除在人类环境以外。即便从治疗手段上来看也是如此，消除传染病的传播源远比治疗病人更为有效。如今结核病已经不太常见了，主要原因与上述情况相似，也就是说一般人基本不存在接触结核病病菌的机会了。

现在，我们的世界中致癌因素到处都是。我们集中全力去寻找治疗方法，

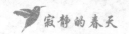

希望能找到一种"良药"来治愈癌症，但根据休珀博士的观点，这种努力是白费的，因为我们根本没有考虑到致癌因素已经遍及我们环境中的每一个角落，它们继续危害新的牺牲者的速度将比我们寻找"良药"控制住癌症的速度要快得多。

癌症要以预防为主，这是一种常识，但我们的行动要迟缓得多。为什么会这样呢？也许"是因为治愈癌症病人要比预防癌症更使人心潮澎湃、更受人关注和更值得投资吧"，休珀博士如此说。然而，在癌症爆发前加强预防"的确是更加人道"，并且可能"比治愈癌症效果更加显著"。人们总是抱着一种莫名其妙的幻想——希望借助每天早饭前服用一颗神奇药丸使自身免于患癌，这几乎令休珀博士无法忍受。人们之所以相信通过这种方式能够治愈癌症，部分是因为误解所致，即误以为癌症是由某种单一的原因引起的，所以便幻想着能用一种单一方法去治愈。当然，真相与人们的幻想相去甚远。环境癌症是由十分复杂的、多种化学和物理因素引发的，所以其表现形式也是多种多样的。

即便人们的幻想有一天变成现实，它也不能去治愈所有类型的恶性病变。虽然我们依然会努力研制"良药"，以挽救那些饱受癌症折磨的患者；但凡是宣扬一次性药到病除的方法都只会给人类造成伤害。这个问题只能逐步地、慢慢地解决。当我们在研究工作中投入几百万元时，当我们将全部希望寄托在大张旗鼓地开展治疗计划时，甚至当我们全心寻求治疗方法时，我们却完全忽略了该是进行预防的宝贵时机了。

战胜癌症并不是毫无希望的。与19世纪末人们控制传染病时的情况相比，当下的情形还是比较乐观的。那时致病细菌充斥各处，就像如今致癌物遍布一样。不过，当时的人们只是无意识地传播了那些病菌，并没有将病菌直接散布到环境中。相反地，现如今是人们自己将绝大部分致癌物散布于环境中的，假如他们愿意，他们就能再消除它们。在当今世界，致癌物主要通过两种方式侵害地球：第一，是因为人们想要追求更好的、更舒适的生活方式，这一点相当讽刺；第二，是因为我们的经济和生活方式允许生产和销售这样的化学物质。

要想将全部的化学致癌物从当下或未来的世界中完全清除，这是不切实际的。但是，有相当一部分的化学致癌物并非我们生活的必需品。如果将这些致癌物清除，那么生命所面临的危害将大大减轻，同时，我们也将不再受到每四个人中就有一人患癌的威胁。我们应尽最大的努力去消除这些致癌物。它们如今正污染着我们的食物、饮水和空气，并且是以微量的、长久而反复的暴露方式出现的，这才是最致命的。

进行癌症研究的不乏优秀之士，他们中许多人都有着与休珀博士同样的信念，他们都相信，只有通过不懈的努力去弄清楚环境致癌的因素，并努力去消除或减少它们的危害，恶性病变是可以被战胜的。为了治愈那些癌症患者或潜在癌症患者，我们当然要继续努力寻找治疗方法。但是，对于没有患癌的人以及我们的后代子孙，预防癌症的工作已经非常紧迫了。

第十五章　大自然的反抗

为了按照我们的心意改造大自然，我们不惜冒着极大的风险，但并未如愿以偿！事实就是如此，这真是令人心痛的讽刺。虽然鲜有人论及，但众所周知的事实是，大自然并非如此容易地可以被人类改造，而昆虫也正千方百计地试图巧妙地避开我们对它们喷洒的化学药物。

"在大自然中，最惊人的存在就是昆虫世界。在昆虫世界中，似乎所有的事情都有可能发生；那些令人觉得不可思议的事情也常会在昆虫世界中发生。一个人若是深入研究昆虫世界，那么他一定会为接连出现的奇异现象而惊叹。他清楚这里有可能发生任何事情，即使是看起来完全不可能的事情。"荷兰生物学家C.J.波里捷说道。

如今，"不可能的事情"正在两个宽广的领域中发生着。第一，昆虫正在通过遗传选择来抵抗化学药物，这一问题我们将在下一章展开论述。第二，就是我们要谈的一个更为广泛的问题——环境本身所固有的、控制昆虫发展的天然防线，已经被我们使用的化学物质不断削弱。每当我们削弱防线一次，就会涌现出一大群昆虫来。

世界各地传来的报告，清晰地揭示了一个问题，即我们如今正面临着非

常严峻的困境。十几年中，人们一直用化学物质控制昆虫，昆虫学家曾经以
为在几年前就已解决了的问题如今又重新困扰他们了。不仅如此，还出现了
新的问题——只要有一种哪怕数量不太多的昆虫出现，它们必定会迅速泛滥
成灾。因为昆虫的天生特性，化学控制实际上是在弄巧成拙。人类在研制化
学药物时，并未考虑到大自然生物系统的复杂程度，因此化学控制其实是在
毁灭整个生物系统。用化学药物控制个别种类的昆虫，人们可以预测其效果，
但化学药物侵害整个生物系统的后果却是无法估量的。

　　在一些地方，人们现在根本不会顾及自然平衡的问题；而在早期相对简
单的世界中，自然平衡是占绝对优势的一种状态，可是这一平衡状态已被彻
底打破，使得我们忘记了这种状态曾经存在过了。在一些人看来，自然平衡
仅仅是人们臆想出来的而已。这种想法如果真的用来作为行动指南的话，危
险也就不远了。现在的自然平衡与冰河时期的不同，但是这种平衡切实存在：
它是一个复杂、精密、高度统一的系统，它联系着各种生命，人们不能无视
它的存在。人们对待自然平衡，就像是一个人正坐在悬崖边却又不相信重力
定律。自然平衡是一种不断运动、变化、发展着的状态，并非静止不动。人，
是自然平衡的一部分。有时它会对人有利；有时它也会对人不利，如果人类
活动总是频繁影响自然平衡，那么它总会变得对人不利。

　　人们在制订昆虫防治计划时，总是忽视两个重要的事实。一是只有自然
界才能真正有效地控制昆虫，而非人类。生态学家认为，昆虫的繁殖数量之
所以受到限制，是因为环境防御作用的存在，这种作用在生命之初就一直存
在。可供给的食物量、气候和天气条件、竞争生物或天敌生物的数量，这一
切都是极其重要的限制因素。昆虫学家罗伯特·梅特卡夫说："昆虫世界内部
的自相残杀可以有力地阻止昆虫破坏我们的世界。"然而，如今的绝大多数化
学药物对一切昆虫格杀勿论，不管它们对我们有利还是有害。二是一旦环境
防御作用被人类削弱，某些昆虫就会疯狂繁殖。许多昆虫的繁殖能力甚至超
乎我们的想象，即便我们现在和过去也曾有所察觉。我依然记得学生时代所

看到的一个奇迹：在一个罐子里装上干草和水，再加入几滴含有原生动物的成熟培养液，几天内，罐子中会出现一群不断旋转、向前游动的微小生命——亿万个鞋子形的草履虫。它们微小得如同一粒灰尘，在这个温度适宜、食物充足、没有天敌的天堂里疯狂地繁殖着。看到这个情景，我想起了海边岩石上的白色藤壶，也想起了一大群水母蜂拥游过的景象。那些水母像魅影一般慢慢地移动着，与海水融为一体。

冬季，当鳕鱼经由海洋游回它们的产卵地时，大自然的控制作用就开始显现了。每只雌鳕鱼会在产卵地产下几百万个卵，如果所有的鱼卵都能孵化成小鱼，那么海洋将挤挤挨挨的全是鳕鱼。事实上，每一对鳕鱼所产的几百万鱼卵中，只有很小一部分能存活并长成成年鳕鱼，这就是自然控制的结果。

生物学家经常会有这样的设想：一场不可思议的大灾难降临地球，自然界的控制作用完全丧失，而只有某个单一的物种存活并繁殖下来，那时会发生什么样的事情呢？百年之前，托马斯·赫胥黎曾做过这样的推算——在一年中，一种不需配偶就能自行繁殖的雌蚜虫能够繁殖的蚜虫总重量，与美国人口总重量不相上下。动物种群的研究者曾目睹大自然失衡的可怕后果。畜牧业者曾一度致力于消灭山狗，结果造成了田鼠泛滥，而此前，山狗可以很好地控制田鼠的数量。还有一个例子，就是那个反复上演的亚利桑那州凯巴布鹿的故事。这种鹿在一个时期一直与环境保持着平衡状态，因为具有一定数量的狼、美洲豹和山狗等食肉动物限制着鹿的数量。后来，人们为"保护"这种鹿而消灭了那些鹿的敌人，结果鹿的数量惊人地增长着，以至于该地区的草料都不够供养它们了。于是它们食用树叶，很快，树木的叶子也越来越少，很多鹿就饿死了。这一时期鹿饿死的数量远比被食肉兽杀死的多。此外，因为这种鹿的疯狂觅食，整个环境也被破坏了。

山狗和凯巴布狼的作用其实与田野和森林中的捕食性昆虫一样。消灭了它们，被捕食的昆虫就会疯狂地发展起来。

地球上的昆虫究竟有多少种，还无人知晓，因为还存在许多尚未被人们认识的昆虫。不过，从当前已有的记录来看，已知的昆虫已超过70万种。这表明，在地球上的所有动物中，昆虫的数量占了70%—80%。绝大多数昆虫都被自然力量控制着，而非人为干涉。如果情况果真如此，那么企图靠任何化学药物（或任何其他方法）去控制昆虫数量，都是值得怀疑的。

不幸的是，人们总是在这种由昆虫的天敌所提供的天然保护作用丧失以后，才认识到它的重要性。很多人生活在这个世界上，却完全忽视这个世界的一切，看不到它的美丽和奇妙，以及我们周围所存在的各种生物的奇异的、令人震撼的巨大能量。这就是为什么人们看不到捕食性昆虫和寄生生物的生存状态的原因。在花园的灌木上，或许我们曾经看到过一种长相凶狠的昆虫——螳螂，但并不太了解它以其他昆虫为生的特性。然而，当我们夜晚带着手电筒漫步在花园中的时候，就有可能目睹螳螂逐渐接近它的猎物的画面。这时，我们才能真正理解捕食性昆虫与它的猎物之间的关系，也真正能体会到大自然强有力的控制能力。

在大自然中，那些猎食其他动物的捕食者种类多样。它们中有身手敏捷的，能像燕子一样在空中捕猎；还有一些慢吞吞的，它们边贴着树枝爬行，边捕捉那些像蚜虫一样在树枝上静止不动的昆虫。胡蜂会捉住蚜虫，用它的汁液喂食幼蜂。泥蜂会将它圆柱形的巢筑在屋檐下，将捉来的昆虫置于巢中，供泥蜂幼虫食用。有"房屋的守护者"之誉的黄蜂时常会飞舞在正在吃饲料的牛群中，将侵害牛畜的吸血蝇消灭。嗡嗡大叫的食蚜蝇经常被错认为是蜜蜂，它们会在蚜虫泛滥的植物的叶片上产卵，孵出的幼虫会吃掉很多的蚜虫。"花大姐"瓢虫，专门以蚜虫、介壳虫和其他植食性昆虫为食，保守地说，一只产卵的瓢虫能消灭掉数百只蚜虫。

寄生性昆虫的习性更加奇异。它们一般不会立即杀死自己的猎物，而是采用各种方法去利用猎物为它们的孩子供给营养。它们有的会将卵产在它们猎取的幼虫或卵内，如此一来，孵出的幼虫便可以通过消耗宿主来获取营养；还有一些寄生性昆虫会用黏液将它们的卵粘在毛虫身上，幼虫孵化后会钻进

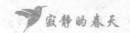

毛虫体内；其他的一些寄生性昆虫天生会伪装，它们将卵产在树叶上，而毛虫吃嫩叶时根本不会发现有什么异常，就将虫卵吃进肚中。田野上、树篱中、花园里、森林中，到处都有捕食性昆虫和寄生性昆虫忙碌工作的身影。蜻蜓从池塘上空飞过，它们的翅膀因为有了阳光的照耀而发出火焰般的光芒。它们的祖先曾与一些体型庞大的爬行类动物共同生活在沼泽中，如今，它们仍像它们的祖先一样，目光锐利地在空中飞来飞去，用它们那形如篮子的几条腿兜捕蚊虫。蜻蜓的幼虫生活在水中，因此又被称为"水中仙女"，它们以捕食生活于水中的蚊子幼虫——孑孓及其他昆虫为生。一只草蜻蛉在那儿的一片树叶前悄悄地停留，它那绿纱般的翅膀和金色的眼睛不时躲闪着，仿佛害羞了一般。它的祖先是一种生活在二叠纪的古老物种。成年的草蜻蛉主要以植物花蜜和蚜虫汁液为食，它们总是将卵产在一个长茎的根部，并且和一片叶子连在一起。它们的孩子——一种名为"蚜狮"的奇特的、竖立着的幼虫，就从这里诞生了。蚜狮主要捕食蚜虫、介壳虫和螨虫，然后吸取它们体内的汁液。每只草蜻蛉在吐出白丝作茧以进入蛹期之前，至少能消灭数百只蚜虫。

还有许多蜂和蝇也有这般能力，它们完全靠寄生在其他昆虫的卵及幼虫中生存。一些数量巨大、活动力超强的蜂类，虽然它们寄生在卵中个头儿极小，却能有效控制昆虫的大量繁殖。

无论晴天还是雨天，无论白天还是黑夜，哪怕当隆冬的严寒将生命几乎摧毁殆尽时，这些小小的生命依然在忙碌地工作着，从不间断。即使在冬季，这种生命的力量也一直在潜滋暗长，只待春天的到来唤醒昆虫世界之时，生命的活力便会再次展现。但在此之前，在厚厚的雪毯下，在被封冻了的土壤下，在树皮的裂缝中，在隐秘的洞穴里，寄生性昆虫和捕食性昆虫都找到了藏身之处，以使自己安然过冬。

螳螂妈妈会将它们的卵安放在一个附着在灌木枝上的小匣子里，匣子的质地与薄羊皮纸相仿。随后，螳螂妈妈的生命也就随着夏季的消逝而终结了。

雌胡蜂经常在楼阁里那些被人遗忘的角落筑巢，它的体内带有大量的受精卵，未来这些卵足以形成一个蜂群。春天时，单独生活的雌胡蜂会在它那小小的、薄薄的巢孔中产卵，还要精心地培育出一支小小的工蜂队伍。在工蜂的帮助下，它能够扩大巢窝，壮大蜂群。在整个炎热的夏天，工蜂一直在不停地寻找食物。

如此一来，这些昆虫自身的生活特性与我们的需求相符，所以它们都成了我们的盟友，能够帮助我们维持自然界的平衡。但是，我们如今却将炮口转向了我们的同盟者。更为可怕的是，我们已经完全忽视了它们在保护我们免受敌人潮水般侵袭的重要作用。失去了它们的帮助，敌人只会更加肆无忌惮地侵害我们。多年来，杀虫剂的种类和用量不断增多，毒性也不断增强，而事实却是，环境的防御能力正在持续地降低。随着时间的推移，我们不难预料，昆虫的侵扰会逐年加重，它们有的传播疾病，有的毁坏庄稼，种类之多已经完全超乎我们的预想。

你也许会质疑，"这应该只是纯理论性的推测吧？"你也许会认为，"这种情况一定不会真的出现，至少我这辈子不会看到。"可是，它确实真切地发生着，就在眼前，就在此时此刻。据科学期刊记载，1958年出现了约50例自然失衡、错乱的案例，并且这样的案例一年更比一年多。近期，通过参阅215篇报告和讨论对这一问题进行反思，发现这些文章讨论的都是关于农药致使昆虫种群失衡所引发的灾难。

有时，人们为了控制昆虫而喷洒化学药物，结果却事与愿违，昆虫的数量反而大量地增多起来。如安大略的黑蝇，喷药后的数量比喷药前增多了16倍。此外，英格兰的卷心菜蚜虫也在喷洒一种有机磷化学农药后大规模爆发，严重程度超过了所有历史记录。

还有几次喷药行动，虽然对人们想要控制的那种昆虫有一定的效果，但却像打开了潘多拉魔盒一样，引发了各种棘手的虫灾。例如，为杀死叶螨而喷洒了DDT和其他杀虫剂后，这种叶螨竟然变成了世界性的灾害了。叶螨不属于昆虫，它是一种人类肉眼几乎看不到的八条腿生物，与蜘蛛、蝎子和扁

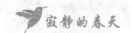

虱同属一类。它的口器可以刺入和吮吸，喜以装点我们世界的叶绿素为食。它的进食方式比较独特：将锋利的口器刺入植物叶子的表层细胞，汲取叶绿素。叶螨的蔓延会使树木染上类似椒盐一样的黑白相间的杂点，因为数量过多，叶子会逐渐变黄，进而凋落。

美国西部的大片国家林区曾在数年前出现类似的情况。1956年，为了消灭云杉蚜虫，美国林业服务处对885 000英亩左右的森林喷洒了DDT。可是，那年却出现了一个比云杉蚜虫更糟糕的问题。通过对林区进行空中观察，发现树木出现了大面积的枯萎，曾经高大挺拔的道格拉斯冷杉正变成褐色，针叶凋落满地。海伦娜国家林区和大贝尔特山的西坡，以及蒙大拿和沿爱达荷州的其他区域，那儿的树林像被烧焦了一样。很显然，1957年的夏季，叶螨的灾害程度在历史上是最严重和最惊人的。所有被喷过药的区域都遭到了叶螨的侵害，而这一地区受灾尤其严重。护林员回想起以往发生的叶螨灾害，都不及这一次印象深刻。1929年在麦迪逊河沿岸的黄石公园，1949年在科罗拉多州，还有1956年在新墨西哥，类似的灾害都曾发生过。每一次喷洒杀虫剂之后，虫灾的严重爆发就随之而来（1929年那次灾害是因为喷洒了砷酸铅，它发生在DDT时代之前）。

为什么叶螨会在喷洒杀虫剂后更加兴旺了呢？除了杀虫剂对叶螨并不易产生作用之外，还有另外两个原因。在大自然中，叶螨的繁殖受到其他诸如瓢虫、瘿蚊、捕食性螨类和一些掠食性臭虫的制约，而这些虫子极易受到杀虫剂影响。还有一个原因来自叶螨群族内部。一个并不构成灾害的叶螨群体，一般多密集地定居在一个不易被天敌发现的保护带中。而喷药之后，这个群体就会因化学药物的刺激而溃散，它们并没有被杀死，只是去另寻能够栖身的安全之所。如此一来，叶螨就得到了比之前多得多的生存空间和食物。而且叶螨的天敌都死掉了，它们也不需要再去寻找保护带隐藏了。于是，它们开始疯狂地繁殖。它们的产卵量异乎寻常地增加了3倍，这一切都是杀虫剂的功劳。

弗吉尼亚的谢南多厄山谷是有名的苹果种植区。当砷酸铅开始被DDT取代时，一大群名为红线卷叶虫的小昆虫快速发展起来，成了种植者们的噩梦。这个小强盗群体的危害程度超过了以往的所有虫害，它们每年几乎要抢走人们50%的劳动成果。并且，在该地区及美国东部和中西部的大部分地区，这种害虫伴随着DDT使用量的不断增加很快成了苹果树的第一杀手。

这一情况太讽刺了。20世纪40年代后期，在新斯科舍省苹果园反复喷洒了化学药物之后，苹果小卷蛾就大肆发展起来。而那些并未喷药的果园中，这种蛾的数量还不足以构成灾害。

苏丹东部地区也因为积极喷药而得到了报应，那里的棉花种植者因为使用了DDT而痛苦不已。盖斯三角洲有60 000英亩左右靠灌溉生长的棉田，当初期实验表明DDT可以对棉田虫害有良好的防治结果时，人们开始加强喷药，而这正是制造麻烦的发端。棉花的头号破坏性害虫——棉铃虫，随着棉田喷药的增多，其数量也越来越多。与喷药的棉田相比，未喷药的棉田遭受的危害相对小一些，而且在喷过两次药的棉田中，棉籽的产量出现了显著的下降。虽然一些以棉叶为食的害虫被杀死了，但任何可能因此而获得的好处都被棉铃虫的侵害给抵消了。最后，棉花种植者突然醒悟，如果他们不自找麻烦，不去费钱费力地喷药，他们的棉田产量会更高的。

在比属刚果[①]和乌干达，人们大量使用DDT对付咖啡灌木上的害虫，几乎酿成大祸。这些害虫基本没有受到DDT的影响，但它们的天敌都对DDT超级敏感。在美国，昆虫世界的群体动力学被频繁的喷药所扰乱，虫害越来越严重。最近进行的两个大规模喷药计划——一个是美国南部的消灭火蚁计划（见第十章），另一个是为了消灭中西部的日本甲虫的计划（见第七章），两者恰好都取得了同样的结果。

1957年，路易斯安那州的甘蔗田因为大规模使用了七氯，结果使甘蔗螟虫——甘蔗的一种最具威胁力的害虫——得到解放。在七氯喷洒后不久，甘

---

①比属刚果：是比利时在1908年至1960年在今日刚果民主共和国的殖民地。

蔗螟虫就疯狂地繁殖起来了。人们为了消灭火蚁，却把甘蔗螟虫的天敌都杀死了。甘蔗被严重地毁坏，而该州相关部门却并没有提前发出警示，以致愤怒的农民都要去控告路易斯安那州政府。

同样惨痛的教训，伊利诺伊州的农民也曾有过。为了消灭日本甲虫，人们对伊利诺伊州东部的农田普遍施用狄氏剂，结果却使玉米螟虫疯狂地增长。事实上，在喷洒了狄氏剂的农田中，玉米螟虫的破坏性至少是其他地区的两倍。那里的农民们可能根本不知道虫灾爆发的生物学原理，但不需要任何科学家来告知，他们已经知道自己付出了高昂的代价。他们为了消灭一种昆虫，却为自己带来了另一种更为严重的虫灾。根据农业部预测，日本甲虫在美国造成的所有经济损失每年可达1 000万美元，而玉米螟虫造成的损失每年可达8 500万美元。

过去，人们一直依靠着自然力量来控制玉米螟虫。玉米螟虫自1917年从欧洲被偶然引入，美国政府在随后的两年里便开始施行一个强有力的计划——收集和引进玉米螟虫的寄生生物。从那时起，24种以玉米螟虫为宿主的寄生生物被大价钱从欧洲和东方购入，其中的5种被认为可以独立控制玉米螟虫。毫无疑问，这项计划所取得的成果如今已被破坏殆尽，因为引入的玉米螟虫的天敌都被喷洒的药物杀死了。如果有人对此有所怀疑，那么请在加利福尼亚州柑橘树发生的情况中寻找证据。19世纪80年代，加利福尼亚出现了一个世界闻名的生物控制的案例。1872年，一种吸食柑橘树汁的介壳虫出现在加利福尼亚，并在接下来的15年中发展成灾，很多果园甚至颗粒无收。柑橘业的发展刚刚起步就受到了这么严重的威胁，于是许多果农砍掉了他们的果树。后来，由澳大利亚引入了一种澳洲瓢虫，它是一种以介壳虫为宿主的寄生昆虫。首批瓢虫引入后大约两年时间，加利福尼亚柑橘园里的介壳虫已经完全被控制住了。从那以后，即便在柑橘树林找上几天，也很难发现一个介壳虫。

可是，到了20世纪40年代，柑橘种植者们开始尝试新型化学物质来对付其他昆虫。他们使用了DDT和其他毒性更强的化学药物，导致曾经引入的澳洲瓢虫被集体扫地出门，即便政府曾经为引进这些瓢虫花费了近5 000美元。这些瓢虫每年为果农挽回几百万美元的收益，可是这次欠妥的行动将这些收益一笔勾销了。介壳虫很快就卷土重来，危害程度超过了50年中的任何一次虫灾。

里弗赛德柑橘试验站的工作人员保尔·迪白克博士说："这可能是一个时代结束的标志。"如今，介壳虫的控制工作变得相当复杂。只有通过反复放养和小心翼翼地安排喷药计划，小瓢虫才能不被杀虫剂影响而存活下来。且不管柑橘种植者们做什么，澳洲瓢虫的命运总是会多多少少受到附近土地的主人们的影响，因为飘散过来的杀虫剂已给柑橘园带来了诸多危害。

以上所有的案例都是关于农作物害虫的，而那些传播疾病的昆虫又发生了什么呢？这方面也有不少的案例对我们发出了警告。发生在南太平洋的尼桑岛上的事情就是一例。第二次世界大战期间，尼桑岛上的人们一直在大量地喷药，直至战争快结束时才停止。很快，在人群传播疟疾的蚊子重回该岛，而那时以蚊子为食的昆虫都被杀死了，新的群体还未及时发展起来，所以蚊子的迅猛爆发是理所当然的。马歇尔·莱尔德如此描述这一情景：化学控制就像一辆脚踏车，一旦骑上车，就会因为害怕后果而不敢停下。

世界范围内爆发的一些疾病可能以某种特殊的方式与喷药存在着联系。有证据表明，像蜗牛这样的软体动物对杀虫剂并不敏感。人们对佛罗里达州东部的盐化沼泽喷药，结果导致一般生物的大量死亡，唯有水蜗牛安然无恙。现场的景象极其恐怖——就像超现实主义画家笔下的画作一样——在一堆死鱼和奄奄一息的螃蟹中，水蜗牛一边蠕动，一边吞食着那些被致命化学药物毒死的生物的尸体。

然而，这一现象有什么重要意义呢？蜗牛通常是许多寄生性昆虫的宿主，这些寄生虫一生中的一段时间寄生在蜗牛身上，一段时间又要寄生在人体内，血吸虫病就是一个例证。血吸虫会在人们喝水或洗澡时进入人体内，导致人

类产生严重的疾病。水体中的血吸虫一般以蜗螺为宿主，这种疾病在亚非两洲的某些地区曾泛滥一时。在有血吸虫的地方，人们试图控制蜗螺大量繁殖来防止血吸虫病滋蔓，结果却总是适得其反。

当然，在蜗螺所引起的疾病中，人类并非唯一受害者，诸如牛、绵羊、山羊、鹿、麋、兔等各种温血动物都受到了侵害。这些动物中普遍爆发的肝病由肝吸虫引起，而肝吸虫在进入动物体之前，是寄生于淡水蜗螺体内的。被肝吸虫传染的动物，它们的肝脏不宜再被人类食用，必须要销毁。这大约每年要带给美国牧牛人350万美元的损失。任何导致蜗螺数量增长的行为都会使这一形式变得更加严峻。

这些问题在过去的10年中已在人们的心中投下了深深的阴影，可是我们对此却认识滞后。具备能力研究生物控制方法并将其付诸实施的人，他们绝大多数都在化学控制的狭小领域中忙碌着。据统计，1960年美国仅有2%的昆虫学家在研究生物学控制方法，余下的98%的昆虫学家都被聘去从事化学杀虫剂的研发。

为什么会出现这样的情况呢？一些重要的化学公司正将无数的金钱投入杀虫剂的研发方面，这些资金当然会吸引更多的研究者，其提供的职位也当然更有吸引力。反过来看生物控制，之所以没有人资助，原因十分简单——生物控制无法取得像化学工业那样丰厚的利润。只有州和联邦政府的职员们在进行生物控制的研究工作，而他们的工资是非常少的。

这种情况正好说明了为什么连昆虫学家也会出头为化学控制辩护。只要稍对他们做一点背景调查就会发现，他们的全部研究资金都是那些化学工业集团资助的。他们的业界威望、甚至他们的研究工作都要依赖于化学控制方法的长久存在。所以，我们难道能指望他们去咬那些给他们投喂食物的手吗？

在一片使化学药物成为控制昆虫基本方法的呼吁声中，偶尔有个别昆虫学家发出不和谐的声音——他们会提出一些研究报告。这些昆虫学家只是纯粹的生物学家，他们并非化学家，也不是工程师。

英国的F.H.雅各布宣称："许多被称之为经济昆虫学家的人，他们的举动可能会使人们相信，他们这样做是因为他们坚信，喷雾器的喷头可以拯救世界……而当他们的喷雾器喷头使昆虫更加凶猛地卷土重来、昆虫产生了抗药性、哺乳动物中毒时，化学家会重新研发一种新型化学药物来解决这些问题。如今，人们还没有意识到，只有生物学家才能彻底解决虫害的问题。"新斯科舍省的A.D.皮克特写道："经济昆虫学家必须充分了解到，他们是在与活物打交道……他们的工作不仅仅是对杀虫剂进行简单试验，也不仅仅是对强力破坏性化学物质进行检测，他们要做的实际上复杂得多。"皮克特博士本人致力于研究合理控制昆虫的方法，他的方法将各种捕食性昆虫和寄生性昆虫都充分利用起来。他在该领域是一位优秀的先驱者。

约35年前，皮克特博士就在新斯科舍省的安纳波利斯山谷——那里是加拿大的苹果种植区——开始了他的研究工作。那时，人们以为杀虫剂可以较好地控制昆虫，只要果农可以遵照使用说明来喷洒药物。可惜，这一美好的设想未能实现。不知因为什么，虫害一直存在。于是，人们开始使用新型化学药物和更好的喷药设备，并且对喷药的热情不断高涨，但是虫害并未有所缓解。后来，人们又将希望寄托于DDT，希望用它"驱散"苹果小卷蛾带来的"噩梦"。然而，DDT喷洒之后却引发了一场史无前例的螨虫灾害。皮克特博士说："我们只是从一场危机转入另一场危机而已，处理了一个问题又引发另一个问题。"

在这一领域，皮克特博士及他的同事们舍弃了其他昆虫学家所走的老路，勇敢地闯出了一条新路。在先前的老路上，很多昆虫学家依然奔跑在那些毒性越来越强的化学物质的鬼火之后。皮克特博士及其同事们认识到，大自然中有他们的盟友，他们计划最大限度地利用自然控制的力量，尽量不使用杀虫剂。如果不得已必须使用杀虫剂，它们也会将剂量降到最低，使其既能控制害虫又不会给有益的物种造成危害。他们的方法对何时喷洒药物也有讲究。比如，在苹果花变为粉红色前喷洒尼古丁硫酸盐，这样就能使一种重要的捕

食性昆虫较好地存活下来，因为在苹果花转为粉红色之前，它尚在卵中没有孵出。

在选择用药时，皮克特博士特意选择那些对寄生性昆虫和捕食性昆虫危害极小的。他说："如果我们实施日常控制时可以像过去使用无机化学药物那样，慎用DDT、对硫磷、氯丹和其他新杀虫剂，那么倾向于生物控制方法的昆虫学家们就不会有那么大意见了。""鱼尼丁"（从一种热带植物的地下茎提取而来）、硫酸烟碱和砷酸铅是他们主要使用的药物，那些强毒性的广谱杀虫剂一般不会使用，某些特殊情况下，他们也会使用浓度极低的DDT和马拉硫磷（每100加仑中1或2盎司，过去的浓度常是100加仑中1或2磅）。虽然DDT和马拉硫磷的毒性在现代杀虫剂中是最低的，但皮克特博士仍希望能研究出更安全、更好的物质来替代它们。

他们的那个在新斯科舍省实施的计划进展如何了呢？执行了皮克特博士修订的喷药计划的果农们与使用剧毒化学药物的果农一样，都收获了大量的优质水果，但他们花费的成本却是很低的。在新斯科舍省的苹果园中，杀虫剂的花费仅为其他大多数苹果种植区经费的10%至20%。

远比这个辉煌成果更加重要的是，由新斯科舍省的昆虫学家们修订过的喷药计划并不会破坏大自然的平衡。如今的情况正向着10年前加拿大昆虫学家G.C.尤里特提及的那个哲学观点顺利前行，他那时说："我们的哲学观必须改变，人类优于其他物种的态度必须摒弃。我们必须承认，在大自然的启发下找到一些自然控制的方法，要比我们自己研究出来的方法更加有效、更加合理。"

第十六章　大雪崩的轰隆声

昆虫世界印证了达尔文的适者生存理论，如果达尔文还活着，一定会感到高兴和惊讶。在人类大力推广喷洒化学药物的活动中，昆虫中的弱势群体全被杀死了。如今，在很多地区的众多昆虫种类中，唯有强壮的和对环境适应性较强的存活了下来。

大约50多年前，A.L.梅兰德——华盛顿州立大学的昆虫学教授，曾提出这样一个疑问："昆虫自身会不会逐渐拥有抗药性？"如果说梅兰德当时并不知道答案或者知道得很晚，那只能说他提出的问题太超前了——他提出这个问题是在1914年，而非40年之后。人们在DDT时代之前对无机化学药物的使用相对于现今来说是非常谨慎的，即便如此，还是引起了喷药后幸存的昆虫的变化。梅兰德本人也因圣约瑟虫而屡陷困扰，他曾花费数年时间对这种虫子喷洒石硫合剂，结果看似很令他满意；但后来，这种昆虫在华盛顿的克拉克斯顿地区生命力异常顽强，比它们在韦纳奇和雅吉瓦山谷果园中时更难消灭。

当果农们乐此不疲地喷洒硫化石灰的时候，不知为何，美国其他地区的这种介壳虫仿佛突然达成了一致似的，都决心坚强地活下去了。这些昆虫对

喷药无动于衷，它们甚至毁灭了美国中西部地区几千英亩的优质果园。

在加利福尼亚州，人们长期以来一直采用的防治虫害的方法——将树罩在帆布帐篷里，再用氢氰酸蒸汽熏蒸——已经不再奏效，令人难掩失望。后来，加利福尼亚柑橘试验站试图去研究这一问题，研究工作大约自1915年开始，直到1940年结束。虽然40多年来人们一直用砷酸铅很好地控制了苹果小卷蛾，但在20世纪20年代，它还是变得具有抗药性了。

然而，昆虫抗药时代的开启是以DDT和它的同类药物的出现为发端的。凡是稍微有点儿基础的昆虫知识或动物种群动力学知识的人，都不会对这样一个事实感到吃惊，即一个困扰人类的危机在最近几年渐渐浮出水面了。尽管人们都逐渐地了解到昆虫具备了抗药能力，但眼下却只有长期与带病昆虫打交道的人才意识到严重性，其他大部分农业工作者依然兴致勃勃地期待新型的、毒性越来越强的化学药物问世。

人们花费了很多时间去认识昆虫的抗药性，而昆虫产生抗药性所需的时间却很短。1945年以前，即DDT时代之前，仅有十几种昆虫被发现对某些杀虫剂产生了抗药性。随着新型有机化学物质的产生和喷洒新方法的不断发展，昆虫的抗药性开始迅猛发展，在1960年已经发现有137种昆虫具备抗药性。当然，事情绝不会到此为止。这一课题已经被超过1 000篇学术报告讨论过。世界卫生组织在全世界约300名科学家的支持下，宣称"昆虫控制计划目前所面临的最严重的问题就是抗药性"。英国著名的动物种群研究者查尔斯·埃尔顿博士曾说："大雪崩即将到来的轰隆声已经响起了。"

抗药性发展得太迅猛了。有时候，人们刚刚庆祝了一种昆虫被某种化学药物成功控制住，修正报告就紧随其后。例如，南非的牧牛人长久以来一直被蓝扁虱困扰着，仅仅一个大牧场中每年就会因此损失600头牛。蓝扁虱已对多年来人们使用的砷喷剂产生了抗药性。后来，人们改用六氯联苯，短期内取得了令人满意的结果。于是1949年有报告宣称，抗砷的蓝扁虱可以被新化学物质六氯联苯很好地控制住。可是1950年，一份宣称昆虫抗药性又向前迈进一步的报告再次发出。一位作家在1950年的《皮革商业回顾》中对这一讽刺的情况如此评价："如果人们完全了解此事的重大意义，那么诸如此类在科学家间悄悄交流的、只在外媒书刊占据一角的新闻绝对可以像原子弹爆炸一样占据新闻头条。"

昆虫抗药性看似只是农业、林业领域的事，但公共健康也因此受到了影响。各种昆虫与人类疾病之间历来存在着一些紧密的关联。疟蚊可以把单细胞的疟疾病原体注入人体血液中，有的蚊子能传播黄热病，也有的能传播脑炎。家蝇不会叮咬人，却会将痢疾杆菌播撒到人类的食物上，而且它在世界许多地区还是传播眼疾的罪魁祸首。下面的名单中就包含了一些疾病及其昆虫携带者（带菌者）：斑疹伤寒和体虱，非洲嗜睡症和采采蝇①，鼠疫和鼠蚤，各种发热症状和扁虱，等等。

上述都是需要我们马上着手解决的重要问题，每个有责任心的人都不会对此放任不管。目前迫在眉睫的问题是：如果目前采用的方法只会令这一问题不断恶化，那么依然采用这种方法是否明智，是否是负责任的呢？人们总会听到许多通过控制携带病菌的昆虫而战胜疾病的声音，但我们很少听到过失败的另一面——胜利只能短暂地维持，昆虫会因为我们采用的方法而愈加顽强。

更糟糕的情况是，我们自己毁掉了自己的作战武器。世界卫生组织聘请了加拿大杰出的昆虫学家A.W.布朗博士对昆虫抗药性问题展开了广泛调查。布朗博士在1958年出版的专题总结论文中是这样说的："剧毒杀虫剂被引入公共健康计划中还不足10年，主要的技术问题已变成了昆虫对那些曾经用来毒杀它们的杀虫剂产生了抗药性。"世界卫生组织在已发表的专著中发出警告说："如今，人们对由昆虫传播的诸如霍乱、斑疹伤寒、鼠疫等疾病的积极行动正遭受着严重的挫折，除非这一新的问题能被迅速地解决。"

人们遭受的挫折有多严重呢？所有被药物控制过的昆虫都被载入了抗药

---

①采采蝇：又名舌蝇、螫螫蝇，以人类、家畜及野生猎物的血为食，可传播人类嗜睡症及家畜的类似疾病。分布广泛，多栖于人类聚居地及撒哈拉以南某些地区的农业地带。

性昆虫的名单，除了黑蝇、沙蝇和采采蝇。另一方面，家蝇和虱子的抗药性已成了全球性问题。对抗疟疾的计划也因为蚊子的抗药性而遭遇失败。东方鼠蚤——鼠疫的主要传播者，也被发现对DDT产生了抗药性，这一问题最为棘手。在各大洲的国家和大多数岛屿，物种的抗药性报告纷至沓来。

在1943年，意大利首次将现代杀虫剂应用到医疗领域，那时盟军政府在大批的人身上喷撒DDT粉剂，成功地扑灭了斑疹伤寒。两年之后，许多国家为了控制疟蚊又进行了广泛的喷洒，因此造成了大量的药物残留。短短一年，就出现了麻烦：家蝇和蚊子对喷洒的药物表现出了抗药性。1948年，人们尝试使用了一种新型化学物质，即DDT的增补剂氯丹。这一次，控制效果仅维持了两年；1950年8月，蚊子对氯丹表现出了抗药性，到了年底，所有家蝇都像蚊子一样对氯丹产生了抗药性。新型化学药物一旦投入使用，昆虫的抗药性很快就发展起来。大约在1951年底，DDT、甲氧氯、氯丹、七氯和六氯联苯都对昆虫完全失效，而与此同时，苍蝇却"多得惊人"。

在20世纪40年代后期，撒丁岛也出现了一系列类似事件。丹麦在1944年首次使用含有DDT的药品控制苍蝇，而到了1947年这一行动彻底宣告失败。在1948年时，埃及的一些地区的苍蝇也表现出了对DDT的抗药性；随后，人们改用了六氯联苯，可是不到一年就药效全失。埃及一个村庄所发生的事件尤其突出地反映了这一问题。1950年，这个村子使用杀虫剂成功地控制住了苍蝇，可同一年中，苍蝇的死亡率与初期相比就下降了约50%。次年，苍蝇对DDT和氯丹已经产生抗药性，数量很快恢复到了原有水平。

美国田纳西河谷的苍蝇在1948年时对DDT表现出了抗药性，随后这种情况蔓延至其他地区。试图用狄氏剂来挽救控制效果的努力是徒劳的，因为在一些地方不到两个月，苍蝇就再次产生了对这种药物的顽强抗药性。人们普遍使用了氯化烃类药物之后，很快又以有机磷类取代，当然了，抗药性事件再次重演。专家们现在认为，"家蝇已经不能靠杀虫剂来控制了，一般的卫生措施必须重新采用"。

DDT最早的、最出名的成就是，那不勒斯利用它完全控制住了体虱。随后，它于1945—1946年冬季在日本和朝鲜成功地消灭了危害大约200万人的虱子，这一成就完全可与意大利所取得的成果相提并论。1948年，西班牙利用DDT对抗斑疹伤寒的流行病未能成功，自此开始，我们可以预见今后将要遇到的困难。但是，昆虫学家们并未因为这次失败的实践而丧气，成功的室内实验依然使他们坚信虱子不会产生抗药性；然而，朝鲜1950—1951年冬季发生的事件令他们大跌眼镜。当一批朝鲜士兵身上被喷撒DDT粉剂后，不同寻常的事发生了——虱子愈加猖獗了。当把收集来的虱子进行试验后，发现5%的DDT粉剂根本不能提升它们的死亡率。对从东京流浪者、板桥避难所，以及叙利亚、约旦和埃及东部的难民营中收集来的虱子进行实验后也发现了相同的结果：DDT已经对消灭体虱和控制斑疹伤寒无效。1957年，伊朗、土耳其、埃塞俄比亚、西非、南非、秘鲁、智利、法国、南斯拉夫、阿富汗、乌干达、墨西哥和坦噶尼喀这些国家和地区的虱子都对DDT表现出了抗药性。DDT最初在意大利取得的卓有成效的喜人成果如今已黯然失色了。

希腊的萨氏按蚊是第一种对DDT产生抗药性的疟蚊。1946年，人们开始对这种蚊子进行疯狂喷药，并取得了初步成功；但自1949年开始，观察者们发现大量的成年蚊子栖息在道路的桥梁下，并不待在喷了药的房间和马厩里。后来，洞穴、外屋、阴沟，以及橘树的叶丛和树干上都发现有这种蚊子。显然，成年蚊子已具备了对DDT的抗药性，它们可以从喷了药的建筑物中逃出来，并在外界休息和复原。几个月之后，它们即便在喷了药的房间中也可以完全适应，人们发现它们安然无恙地在喷过药的墙壁上停留。

这其实是恶劣形势出现的先兆。疟蚊对杀虫剂的抗药性越来越顽强，正是因为人们要对抗疟疾而广泛对房屋喷药造成的。1956年时，仅有5种疟蚊表现出了抗药性；而在1960年初就增加至28种，其中包括了非洲西部、中东、美洲中部、印度尼西亚和东欧地区的极其凶险的疟疾传播者。

这一情况在传播其他疾病的蚊子中也在复制着。在世界许多地区，一种携带着与橡皮病相关的寄生虫的热带蚊子已变得抗药性极强。在美国的一些地区，传播马疫脑炎的蚊子也变得具有抗药性了。几个世纪中，黄热病数次引发世界性灾难，而黄热病的传播者则导致了更为严重的问题。这种蚊子在东南亚已被发现具有抗药性，而在加勒比海地区，它们已经变得普遍具有抗药性了。

在世界许多地区的报告中，我们都能看到昆虫抗药性这一问题给疟疾和其他疾病带来的复杂影响。特立尼达岛1954年大规模爆发的黄热病，就是因为人们对其传播者蚊子的控制失败而引发的。印度尼西亚和伊朗的疟疾再次活跃。希腊、尼日利亚和利比亚的蚊子成功地躲藏起来，继续传播疟疾。在佐治亚州，人们通过消灭苍蝇而使腹泻病减少的光辉成就也在一年之中就付诸东流。在埃及，曾经通过消灭苍蝇而使急性结膜炎病人暂时减少的成果也在1950年之后不复存在了。

佛罗里达盐化沼泽地的蚊子具备了抗药性，这虽然并未影响人类的健康，但却给人类造成了巨大的经济损失。这里的蚊子不会传染疾病，只是成群成群地叮咬人、吸人血，导致佛罗里达沿海的广大区域成了无人区，直到人们艰难地将蚊子控制住，情况才稍有好转。可是，没过多久，这里的蚊子再次疯狂肆虐。

一般家蚊正普遍地产生抗药性，所以许多定期大规模喷药的计划是时候停下来了。这种蚊子在意大利、以色列、日本、法国和包括加利福尼亚州、俄亥俄州、新泽西州和马萨诸塞州等美国部分地区已经对剧毒的杀虫剂产生了抗药性，而在这些杀虫剂中，应用得最广泛的便是DDT。

扁虱的问题也比较棘手。木扁虱会传播脑脊髓炎，它近来已经具备了抗药性；褐色狗虱对剧毒化学药物的抵抗性已经完全、广泛地形成了。这无论是对人类还是对狗都是一个糟糕的问题。褐色狗虱属于亚热带物种，当它在北方诸如新泽西州这样的地区出现时，只能在温度远高于室外的温暖建筑物内过冬。1959年夏，美国自然历史博物馆的J.C.帕利斯特报告称：他的展览部接到过许多来自西部中心公园附近居民的电话，他们说，"幼扁虱占领了整栋房子，极难清除。一只狗会不小心地在中心公园沾染扁虱，然后这些扁虱就被带进房屋里产卵、孵化。它们似乎对人类如今使用的包括 DDT、氯丹及其他大部分药物都具有免疫力。过去，如果纽约市出现扁虱，那就是非比寻常的事，可如今它们遍及纽约和长岛，韦斯切斯特到处都是，连康涅狄格州都有扁虱侵入。在最近五六年中，我们对这一情况留意甚多。"

　　氯丹曾一度是扑杀德国蟑螂的绝佳武器，可是如今德国蟑螂遍布北美的大部分地区，因为它们已经对氯丹产生了抗药性，所以人们只好换用有机磷。鉴于当前昆虫对这些杀虫剂都逐渐具备了抗药性，那么对于企图灭虫的人们来说，下一个问题就是：接下来该怎么办呢？

　　随着昆虫抗药性的逐渐提升，防治虫媒疾病的机构如今只能不断地用一种杀虫剂取代另一种杀虫剂这种捉襟见肘的办法来应对不断出现的新问题。不过，要是化学家们不去研发创造新化学药物的话，这一办法不能永远持续下去。布朗博士曾说，我们如今正行驶在"一条单行道"上，假如人们不知道这条路的尽头在哪儿，假如我们在抵达死亡的终点前还没有消灭带病昆虫，那么我们的处境真的不容乐观了。

　　早期，仅有十几种昆虫对无机化学药物产生了抗药性，现在这个队伍越来越庞大了，其中新增的昆虫都是对 DDT、六氯联苯、毒杀芬、狄氏剂、艾氏剂，甚至是人们曾寄予厚望的磷酸盐类产生了抗药性。1960 年，在毁坏庄稼的昆虫中，具备抗药性的就有 65 种之多。

　　农业昆虫首次对 DDT 产生抗药性的实例，大约发生在美国第一次使用DDT 之后的第六年，即 1951 年。最严重的情况就是对苹果小卷蛾的控制了，全世界苹果种植区的这种蛾如今都已普遍地对 DDT 产生了抗药性。还有一个严重的问题就是卷心菜昆虫的抗药性了。如今，美国许多地区的化学控制正对马铃薯昆虫失效。6 种棉花昆虫，以及蓟马、果蛾、叶蝉、毛虫、螨虫、蚜虫、铁线虫等都对农民喷洒的化学药物无动于衷了。

化工领域不愿面对抗药性这一令人颓丧的现实，这也容易理解。直到1959年，当有100种昆虫都对化学药物产生了抗药性的时候，一家农业化学领域的权威刊物还在质疑昆虫的抗药性——"是真的，还是人们假想出来的"。即便化学工业部门对此采取自欺欺人的"鸵鸟政策"，抗药性的问题依然真实存在，并且带来了令人困扰的经济问题。其中之一就是，用来控制昆虫的新型化学物质的研发经费正在逐渐增长。因为一种杀虫剂在今天看来好像还很有前景，到了明天可能就完全失效，因此大量囤积的杀虫剂就毫无用处了。当昆虫不断用抗药性向人类证明，他们的化学手段只会徒劳无益的时候，用于研发和推广杀虫剂的大笔财政资金可能会被撤销。当然了，科学技术的迅猛发展会使新型杀虫剂不断问世，但人们好像总会发现这些昆虫基本毫发无伤。

关于自然选择理论，达尔文也许再也找不到什么比抗药性更具说服力的例子了。许多生存于原始种群中的昆虫在身体结构、活动和生理学上存在巨大差异，只有"强悍的"昆虫才能免遭化学药物毒害而存活下来。

人类的喷药行为仅消灭了弱者，只有具备某种特殊天性的昆虫才能逃脱毒害活下来。少数的幸存者繁殖出的后代只需通过遗传便获得了"顽强的抗药性"。由此看来，人们使用剧毒化学药物的行为只能使他们原本可以轻松解决的问题变得越来越棘手。几代之后，一个强者和弱者并存的昆虫种群就被一个具有强悍抗药性的昆虫种群取代了。

昆虫对化学物质的抵抗方式很可能是不断变化的，但是人们对于这种变化还不能完全掌握。有人认为，一些昆虫之所以不受化学药物影响，是因为它们具有有利的身体构造，可是这一说法似乎没有什么确切的证据支撑。布里杰博士所进行的观察表明，一些昆虫已经明确地表现出抗药性。他报告称，在丹麦的佛毕泉害虫控制研究所中，它观察到大量苍蝇"在屋内DDT的药雾中嬉戏，就像男巫踩在烧红的炭块上快乐舞蹈一样"。

世界许多地区都有同类的报告。在马来西亚的吉隆坡，蚊子首次在非喷药中心区对DDT表现出了抗药性。之后，人们甚至在堆放的DDT上面发现了停歇着的蚊子，用手电筒可以清楚地看到它们。此外，在台湾南部的一个兵营里收集到的具有抗药性的臭虫样品中，有些身上就带有DDT粉末。实验员在实验室里将这些臭虫包裹到一块满是DDT的布中，结果它们不仅在里面存活了一个月之久，还产了卵，并且新孵化的小臭虫还长大、长肥了。

可是，昆虫产生抗药性并非因有利的身体构造。对DDT产生抗药性的苍蝇体内含有一种能降解DDT毒性的DDE酶。这种酶只在对DDT有抗药性遗传因素的苍蝇身上被发现，并且，这种抗药性是世代相传的。至于苍蝇和其他昆虫是如何对有机磷类降解毒性的，我们还不太清楚。

昆虫的某些活动习性也能使它们免于接触化学药物。许多工作人员留意到，具备抗药性的苍蝇不喜欢停歇在喷了药的地面和墙壁上，而是喜欢在未喷药的地方停息。具备抗药性的苍蝇也许惯于稳定飞行，它们经常停落在同一地点，于是很大程度上避免了与毒药的接触。有些疟蚊的某种活动习性能使它们减少在DDT中的暴露，降低了中毒的概率；在喷洒的化学药物的刺激下，它们立即飞得远远的，在外面存活下来。

一般地，昆虫对某种药物产生抗药性需要两三年时间，当然偶尔也有只需一个季度甚至更短时间的，以及另外一个极端的情况，那就是需要6年之久。在一年中，一种昆虫能繁殖多少代是由其种类和气候决定的，各不相同。例如，加拿大苍蝇的抗药性比美国南部的苍蝇发展得相对慢一些，因为美国南部夏季漫长而炎热，很适宜昆虫快速繁殖。

有时，人们会满怀疑问地问道："既然昆虫都能对化学药物产生抵抗性，为何人类就不能呢？"从理论上来说，人类具有抗药性是完全可能的；可是这需要几百年，甚至几千年的漫长过程，所以现在活着的人们就不要对此抱什么奢望了。抗药性并非只在个体生物中产生。如果一个人天生就具有某种特性，可使他比一般人更耐毒性的话，那么他就更容易存活并繁衍子孙。因此，抗药性是一个群体在经历许多代之后才能产生的特质。人类的繁殖速度相对

缓慢，大约为每世纪三代人，而昆虫只需几天或几周就能繁衍出新一代。

"对于昆虫给我们带来的损害，我们是选择尽量容忍呢，还是为了求得暂时免受损害而持续不断地用尽各种手段去消灭它们呢？我认为，前者在某些情况下要比后者明智。"这是布里杰博士在担任荷兰植物保护局的指导者时提出的忠告。他还说："人类的喷药实践表明'要少量喷药'，而非'尽量多喷药'……对害虫种群施加的喷药压力必须一直尽量地减少。"

可惜的是，美国农业管理局并未认真对待这一观点。1952 年《年鉴》——农业部专门论述昆虫问题的专著，虽然对昆虫正在产生抗药性这一事实表示认可，但它依然坚持"为了完全控制昆虫，杀虫剂仍应更广泛、更大量地喷洒"。而对于那些未曾使用过的化学药物不仅能将世界上的所有昆虫消灭殆尽，还能将世界上的一切生命全部毁灭这一问题，农业部没有给出说明。1959 年，也就是布里杰博士发出忠告后仅仅 10 年，康涅狄格州的一位昆虫学家在《农业和食物化学杂志》中谈到，最新的也是最后一种可用的化学药物已经至少对一两种昆虫使用过了。

布里杰博士说，"我们走的是一条不归路，这是极其明确的事实……我们必须全力研究其他控制手段，并且新的控制手段一定是生物学上的，而非化学上的。我们的目的是，尽可能小心谨慎地将自然变化的过程导向我们希望的方向上，而不是通过任何暴力手段……"。

我们亟须高度理智的政策和更长远的眼光，而这正是当下许多研究者所匮乏的。生命是一个奇迹，它超越了我们所理解的范围，即便我们要同它对抗时，也依然要尊重它……试图依赖杀虫剂来对付昆虫，足见我们知识的贫乏、能力的不足，如果不能控制自然变化的过程，任何暴力手段都是无用的。对于这个问题，科学上需要谦虚谨慎的态度，没有什么值得骄傲自满的。

第十七章　另外的道路

　　如今，我们面前有两条截然不同的道路，它不同于人们熟知的罗伯特·弗罗斯特①诗歌中所描绘的道路。长久以来，我们一直在一条错误的道路上飞速奔驰，这条路舒适、平坦、没有阻碍。但事实上，终点的灾祸一直在等待着我们。而另一条少有人走的路却给我们留下了最后的、唯一的保护我们赖以生存的地球的机会。

　　走哪一条路，说到底，需要我们自己做出抉择。如果长期被蒙在鼓里的人们突然觉悟，终于坚信我们拥有"知情权"，如果我们提高了认识，发现自己正被要求去进行一场愚蠢的冒险，那么当有人叫我们使用有毒化学物质遍洒世界时，我们应该坚决地摒弃这些人的建议。我们要做的，就是四下看看，找到合理的方式，找到可以通行的道路。

　　的确，在对付昆虫的时候，我们需要各类可以变通的方法来代替化学物质。如今，人们已经找到了一些可行的办法，投入使用后也收到了绝佳的效

---

①罗伯特·弗罗斯特（1874—1963）：20世纪最受欢迎的美国诗人之一，诗歌多取材于农村生活，曾4次获得普利策奖及其他许多的奖励荣誉，被誉为"美国文学中的桂冠诗人"。

果；还有一些方法目前仍处于探索阶段；当然，也有一些只是处于设想阶段而已，它们存在于科学家的头脑中，一旦时机成熟就能变成现实。所有这些办法的共同之处是，采用生物学来解决问题。在理解了有机体及其所依赖的整个生命世界的结构之后，这些控制昆虫的方法才能得以实现。生物学各个领域的专家，如昆虫学家、病理学家、遗传学家、生理学家、生物化学家、生态学家等，他们的智慧和创造灵感正支撑起一门新兴的科学，即生物控制。

生物学家约翰·霍普金斯说："每一门科学都像是一条河流。河流的发端是默默无闻的细流；之后或静静流淌或湍急飞奔；它时而干涸，时而满溢。因为众多研究者的辛勤劳动和思想汇入，河流渐渐变得丰盈满溢、汹涌澎湃起来，如此，它也就不断向前奔涌，而新思想和新理念又使它变得愈加宽广。"

从当前的情况来看，约翰·霍普金斯的说法完美地契合了生物控制科学的发展情况。一个世纪之前，美国的生物控制科学开始萌芽，它始于人们首次企图控制困扰农民的一种有害昆虫。这门科学发展得很缓慢，有时甚至完全停滞，可一旦人们对昆虫的控制取得突破性进展，它就会迅猛地向前发展。20世纪40年代，各种新式杀虫剂的出现使当时从事应用昆虫学工作的人们眼花缭乱，于是他们抛弃了生物学方法，在化学控制的路上一去不返；这时，生物控制科学的河流便干涸了，而我们也正与那些使世界免受昆虫危害的目标渐行渐远。现在，因为人们肆意使用化学药物而引发了比昆虫更大的威胁时，人们才重新回到科学控制的路上，新思想的汇入使生物控制科学的河流再次盈满。

一种新的方法最令人兴味盎然。现在，人们正在尝试利用昆虫来对付昆虫，最令人赞叹的就是"雄性绝育"技术。该技术由美国农业部昆虫研究所负责人爱德华·尼普林博士及其合作者们共同研发而来。大约25年前，尼普林博士提出了一种特殊的昆虫控制方法，结果使他的同事们大为震惊。他指出，假如通过人为方法使大量雄性昆虫绝育，并将它们释放出去，那么这些昆虫就会与正常的野生雄性昆虫竞争，如此不断反复地释放，就会使很多雌性昆虫不能成功孵卵，于是这个种群就绝灭了，会不断衰落甚至灭绝。

对这个观点，绝大多数政府官员漠然视之，科学家们疑虑重重，只有尼普林博士坚信不疑。在这种设想变成现实之前，一个亟待解决的问题就是，如何使雄性昆虫绝育。从理论上讲，人们在1916年就发现被X射线照射后的昆虫会导致绝育的事实。当年，一位名为G.A.朗纳的昆虫学家发现并报道了烟草甲虫①的这种绝育现象。20世纪20年代末，赫尔曼·穆勒在X射线导致昆虫突变方面取得的突破性成果开创了一个全新的局面；到了20世纪中叶，至少有十几种昆虫会在X射线或γ射线的照射下出现绝育现象已为众多研究者获悉。

不过，这些只是纯粹的室内实验，与实际应用还有一定距离。约在1950年，为了对付美国南部家畜的主要害虫——螺旋锥蝇②，尼普林博士试图全力将昆虫的绝育性当作武器。一般而言，螺旋锥蝇会在流血受伤的动物的外露伤口产卵，它孵出的幼虫会寄生在这些动物身上，以它们的肉为食。如果一头成熟的小公牛不幸感染上这种害虫，严重的话会在10天内死亡。美国每年因此而损失的牲畜价值可达4 000万美元，因此而损失的野生动物的价值虽然难以估量，但不难料想也一定非常大。得克萨斯州某些地区的鹿变得稀少，就是因为这种可恶的螺旋锥蝇。螺旋锥蝇是一种热带、亚热带昆虫，多栖息于南美、中美和墨西哥，在美国，它们一般分布在西南部地区。然而在1933年左右，它们意外地侵入了佛罗里达州，那儿的气候能使它们安全过冬并建立种群。于是，它们进而蔓延到亚拉巴马州南部和佐治亚州，当然，东南部各州的畜牧业的损失也很快就高达每年2 000万美元。

得克萨斯州农业部的科学家们在那几年里收集了许多螺旋锥蝇生物学信息。1954年，为了证实自己的观点，尼普林博士先是在佛罗里达岛做了一些

①烟草甲虫：一种世界性的储藏物害虫，体型较小，通体红黄色至红褐色，食性复杂。
②螺旋锥蝇：一种攻击性很强的食肉蝇，又叫新大陆螺旋蝇。幼虫天生长着两颗又尖又利的门牙，多寄生在动物体内以其血肉为食。

准备性的现场实验，之后便准备更大范围地进行实验。为此，他与荷兰政府签订协议，将加勒比海中的一个距离大陆至少50英里的库拉索岛作为自己的试验基地。

1954年8月，尼普林博士开始实验。他在佛罗里达州某个农业部实验室中培育的绝育螺旋锥蝇被空运到库拉索岛，之后通过飞机以每周400平方英里的速度释放出去。实验公羊身上所产的螺旋锥蝇卵的数量几乎立刻有了明显的减少，正如它们增多时一样迅速。在绝育螺旋锥蝇释放了7周之后，所有产下的卵都不能正常孵化了。很快地，无论是正常的卵还是不能孵化的卵都找不到了。也就是说，库拉索岛上的螺旋锥蝇已经被消灭殆尽了。

库拉索岛实验的巨大成功很快吸引了佛罗里达州畜牧业者的目光，他们也希望尝试这种新技术以消除螺旋锥蝇的威胁。虽然在佛罗里达州实施这种螺旋锥蝇控制方法要困难得多（该州面积是库拉索岛的300倍），但美国农业部和佛罗里达州政府还是在1957年联合为扑灭螺旋锥蝇的行动提供了资金。控制计划包括设立一个每周能生产5 000万只绝育螺旋锥蝇的"工厂"，还包括20架轻型飞机，这些飞机将按照预定的航线每天飞五六个小时，每架飞机会携带1 000个纸盒，每个纸盒里装有200至400个被X光照射过的螺旋锥蝇。

1957年与1958年间的冬天特别冷，佛罗里达州的广大北部被严寒笼罩，这对于螺旋锥蝇控制计划倒是很有益处。因为这个时候，螺旋锥蝇的种群减少了，并且仅存在于一个很小的区域中。当时计划在17个月中人工培育35亿只螺旋锥蝇，并将这些绝育的螺旋锥蝇释放到佛罗里达州、佐治亚和亚拉巴马州。由螺旋锥蝇引起的最后一次动物伤口传染大概发生在1959年2月。在这之后的几周中，螺旋锥蝇彻底销声匿迹了。至此，美国东南部成功实现了消灭螺旋锥蝇的目标。这是科学创造力取得的辉煌成就，当然，缜密的基础研究、坚定的决心和不懈的毅力也不可或缺。

如今，为了阻止螺旋锥蝇从西南部地区卷土重来，人们在密西西比设立了一个隔离屏障，将西南部地区的螺旋锥蝇牢牢圈禁。想要扑灭西南部地区的螺旋锥蝇定会十分艰难，因为那里地域辽阔，并且螺旋锥蝇也有从墨西哥重新侵入的可能。虽然情况较为复杂，但意义十分重大，农业部希望将螺旋锥蝇的数量控制在一个较低的水平，所以计划很快在得克萨斯州和西南部其他螺旋锥蝇猖獗的地区实行一定的措施。

在消灭螺旋锥蝇方面取得的辉煌胜利，激起人们将这种方法推而广之的兴趣。人们希望将这种方法应用于其他昆虫，但它并非适用于所有昆虫。因为这种方法能否取得成功，很大程度上要依赖于昆虫的生活习性、种群密度及其对放射性的反应。

英国人为了消灭罗得西亚的采采蝇尝试了这种方法。采采蝇遍及非洲 1/3 的土地，不仅严重威胁着人类的健康，还妨碍人们在 450 万平方英里的繁茂树林中饲养牲畜。采采蝇的习性与螺旋锥蝇大相径庭，虽然它们在放射作用下也会变得绝育，但想要实行这种方法还需先解决一些技术性难题。

英国人已对多种昆虫进行了大量的放射性实验。美国科学家不仅在夏威夷进行室内试验，还在遥远的罗塔岛进行野外试验，他们以瓜蝇、东方果蝇及地中海果蝇为实验对象，取得了一些令人欣喜的成果，而玉米螟虫和甘蔗螟虫也被用来做了同样的试验。这些对人类有重要影响的昆虫或许都能通过绝育技术得到控制。智利的一位科学家指出，杀虫剂根本不能消灭那些传播疟疾的蚊子，只有释放许许多多的绝育雄蚊才能给予蚊子种群以毁灭性的打击。

其实，通过放射性使雄性昆虫绝育已经遭遇了明显的困难，人们不得不去寻求一种更加容易且能实现同样效果的方法，这促使化学绝育剂的研发迎来了高潮阶段。

通过室内实验和野外实验，佛罗里达州奥兰多农业部的科学家们研发了一种特殊的化学药物，将该药物混入食物可导致家蝇绝育。1961年，佛罗里达州的岛上进行过一次试验，只用了5周，家蝇种群就被彻底消灭。虽然后来邻近岛屿的家蝇再次飞到此地繁殖起来，但作为一个先导性的试验，这一次还是很成功的。我们不难理解，这种方法的前景会使农业部多么激动。众所周知，杀虫剂对第一个地方的家蝇已经毫无效果了，只有采用一种全新的方法，我们才能消灭它们。通过放射性使昆虫绝育难度极大，因为不仅需要花费很多人工精力去培养昆虫，而且数量还要比野外的昆虫数量更多才能达到效果。螺旋锥蝇实际上数量不算庞大，所以这种方法实行起来很容易取得实效。可是，家蝇就完全不同了，要是释放出比原有数量的两倍还多的家蝇一定会遭到民众的极力反对，尽管这只是暂时性的。相反地，将一种化学绝育剂与家蝇饵料混合，家蝇吃了这种药后就不能生育。接下来，这类绝育的家蝇数量会越来越多，最终它们将被彻底消灭。

相比观察化学物质毒性的实验来说，观察化学物质绝育效果的实验要困难得多。虽然可以同时进行多种实验，但要评估一种化学物质需要长达30天的时间。1958年4月至1961年12月之间，奥兰多实验室筛查了几百种可能导致绝育的化学物质。农业部果然找到了最具潜力的一些化学物质。

当下，这一问题由农业部的其他实验室继续研究，利用化学物质对付马房苍蝇、蚊子、棉花象鼻虫和各种果蝇的试验也在不断开展着。目前，很多工作虽然仅处于实验阶段，但自从科学家开始着手化学绝育剂的研发，这一工作在短短几年中就取得了很大突破。从理论上来说，化学绝育剂的许多特性都令人非常感兴趣。尼普林博士称，当下最好的杀虫剂可能还比不上卓有成效的化学绝育剂。试想，如果一个包含百万只昆虫的种群每过一代就增加5倍，而一种杀虫剂仅能杀死一代昆虫中的90%，那么第三代以后昆虫的数量将高达125 000只。同样的情况下，如果使用一种可导致90%昆虫绝育的化学物质，那么第三代以后的昆虫仅存125只。

新方法也是有弊端的。化学绝育剂中也不免存在着一些剧毒化学物质，不过好在现在只是初期阶段，大多数研究者对化学药物的安全性还是相当留意的。即便如此，还是有很多人要求通过飞机从高空喷洒绝育剂。比如，给舞毒蛾幼虫啃噬过的叶片喷洒这类药物。如果事先并不清楚这种做法的不利后果却要去做，那就是不负责任。我们必须时时牢记化学绝育剂的潜在危害，否则我们将很快陷入比滥用杀虫剂更加麻烦的困局。

处于试验阶段的绝育剂目前可以分成两类，这两类绝育剂的作用方式都很有意思。第一类紧密融入了细胞的生活过程或新陈代谢过程，也就是说，它们的性质同细胞或组织所需物质的性质极为相似，以至于有机体"误"将它们当作真正的代谢物，并努力将它们纳入正常的生长过程。但是从细节上来看，这些物质会出现一些问题，于是细胞生长过程就停止了。这类化学物质就叫抗代谢物。

第二类绝育剂主要作用于染色体，它们会对基因的化学成分产生影响，从而引起染色体断裂。这一类化学绝育剂属于烃化剂，效力极为剧烈，可强力破坏细胞，损害染色体，并导致突变。在伦敦的彻斯特·彼蒂研究所的皮特·亚历山大博士看来，"任何一种可使昆虫绝育的烃化剂也都是一种致变物或致癌物"。他认为，在昆虫控制方面，使用这类化学物质是"充满非议"的。于是，人们希望当下的这些研究不是为了直接使用这些化学药物，而是由此引发出一些新的、安全的发现，并且可以有针对性地消灭目标昆虫。

当前的研究中出现了不少新奇的思路，比如利用昆虫自身特性来制造对付昆虫的武器。一些昆虫自身能分泌毒液、引诱剂和驱斥剂。这些分泌物有什么化学特性呢？我们是否能把它们当作有选择性的杀虫剂使用呢？科内尔大学及其他地方的科学家们正在探索这些问题的答案，他们对一些昆虫如何使自身免遭捕食者袭击的防御机制兴趣浓厚，正努力探究昆虫分泌物的化学结构。还有一些科学家正对所谓的"保幼激素"进行研究，"保幼激素"效力很强，可使昆虫幼虫在一定的生长阶段之前免于突变。

或许，昆虫分泌物研究领域中最立竿见影的发明就是引诱剂（吸引剂）的问世。至此，大自然再一次为我们指明了努力的方向。舞毒蛾的例子是最引人注目的。这种蛾类中的雌蛾因为体重太重无法飞行，所以一般贴近地面生活，它们仅能在低矮的植物间扑棱翅膀或爬上树干。反之，雄蛾极善飞翔，

它们会在雌蛾体内分泌的一种特殊气味的吸引下，从很远的地方飞来。昆虫学家们多年前就观察到这一现象，他们想尽各种方法，终于从雌蛾体内提取了这种引诱剂。当人们在昆虫分布区的边沿地带调查昆虫数量时，使用了这种物质来诱捕雄蛾。但是，这种方法成本太高了。虽然东北各州都宣称遭受的虫害很严重，但并没有足够多的舞毒蛾供人们提取引诱剂，于是人们从欧洲进口舞毒蛾的雌蛹，每只蛹价格高达0.5美元。近来，农业部的科学家经过多年努力，终于成功分离出了这种引诱剂，真是一大突破。随后，科学家又从蓖麻油中提取了一种极为相似的合成物质，这种物质与天然的引诱剂效力相近，能成功地骗过雄蛾。只需在捕虫器中放置1微克（1/1 000 000 克）的这种物质，一个极具效力的诱饵就做成了。

这一切远超学术研究的范畴，因为这种全新的、成本低廉的"引诱剂"不仅能用于昆虫调查，还可用于昆虫控制。一些更高效的引诱剂仍在试验中。在这种堪比心理战的实验中，引诱剂被做成了微小颗粒通过飞机散布。这样做可以迷惑雄蛾，从而干扰并改变其正常行为。雄蛾在这种极具诱惑力的气味的干扰之下，很难追寻到真正的雌蛾。人们正在对进攻昆虫的方式展开进一步实验，诱骗雄蛾去同一只假的雌蛾结成配偶。实验表明，雄性舞毒蛾已经表现出与木制的虫形物的及其微小的、无生命的物体交配的企图，只要这些物体沾染了雌性舞毒蛾的引诱剂就可以了。利用昆虫的求偶方式从而使其无法繁殖，这真的能减少昆虫的数量吗？进一步的证明是肯定的，不过这真的非常有趣。

舞毒蛾引诱剂是第一种人工合成的昆虫性引诱剂，不过其他的引诱剂也会很快被研发出来。科学家们现在正在研究人工合成的引诱剂对昆虫的影响情况，对海森蝇和烟草天蛾的研究是最振奋人心的。

如今，人们正试图将引诱剂与毒物混合使用，以消灭某些种类的昆虫。政府机构的科学家研制出了一种名为"甲基丁香酚"的引诱剂，它在对付东方果蝇和瓜蝇时简直所向披靡。科学家在日本南部面积大约为450英里的波宁岛上做了这样的试验：将该种引诱剂与一种毒物混合，再将许多小片纤维板浸在这种混合物中，然后将这些纤维板从空中散布到整个岛群，引诱并消灭雄性的苍蝇。这一"消灭雄性"的计划始于1960年。据农业部预估，一年以后就有99%以上的苍蝇都被消灭了。这一方法以绝对性优势压倒了杀虫剂的老调宣传。实验中所用的有机磷毒物只存在于那些小纤维板上，所以野生动物不可能去吃掉它们；况且纤维板上的残毒很快就会消散，土壤和水也不会被毒物污染。

不过在昆虫世界中，通过释放吸引或排斥作用的气体并不是它们唯一的通讯联系方式。若要向同类报警或吸引异性，声音也是一种重要的手段。比如，蝙蝠在飞行时会连续不断地发出超声波（作用近似于雷达，可引导蝙蝠飞越黑暗），某些蛾类恰好能听到，所以它们能免于被蝙蝠捉住。寄生蝇飞临锯齿蝇巢穴时产生的振翅声，能警示锯齿蝇紧急聚集，从而进行自卫。反之，一些生长在树木上的昆虫所发出的声音会引来寄生生物。而雌蚊子的振翅声对于雄蚊子来说，就像海妖的歌声一样迷人。

那么，昆虫到底凭借什么东西来分辨这种声音从而做出反应呢？这一问题虽然还在研究中，但相当有趣的是，人们通过播放雌蚊子飞行时振翅的声音录音，竟然发现它能成功地引诱雄蚊子，于是雄蚊子被引诱到一个充了电的电网上杀死了。在加拿大的实验人员正在研究用突然产生的超声波来驱赶玉米螟虫和甜菜夜蛾。动物声音研究的两位专家——夏威夷大学的休伯特教授和马希尔教授坚信，只要能找到一把打开昆虫声音的产生与接收领域的钥匙，发现用声音来影响昆虫行为的野外方法是必然的事情。两位教授发现，燕八哥在听到同类的一声惊叫的录音后，马上惊慌地飞走了。于是他们想到，或许这一事实中存在有待发掘的重要道理可以应用在昆虫控制方面。于是，两位教授因为他们在该领域的发明而闻名于世。而对于长期从事工业的人来说，要发掘到那个重要的道理并应用于昆虫防治是完全可能实现的，因为至少有一家重要的电子公司正打算设立一个实验室专门进行昆虫实验。

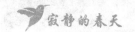

　　将声音当作一个直接的毁灭性武器的实验正在进行中。在一个实验池塘中，超声波将所有的蚊子幼虫都杀死了，当然，其他水生有机体也难逃一劫。在另一个实验中，由空气产生的超声波在几秒钟就杀死了绿头苍蝇、粉虫和黄热病蚊子。这些实验只是迈向用全新理念控制昆虫的第一步，终有一天，神奇的电子学将这些方法变为现实。

　　消灭昆虫的全新生物控制方法并不仅限于电子学、γ射线和其他人类发明才智的产物方面，古老的方法中也饱含智慧。其中一些方法就是人们受了"昆虫像人一样也会生病"的启发而得来的。像古时候的鼠疫危害人类一样，细菌的传染对昆虫种群来说也是致命的；在病毒爆发的时候，昆虫一样患病，之后死亡。生活在亚里士多德时代之前的人们就知道，疾病也会侵袭昆虫种群；中世纪的诗文中曾描述了蚕生病的情况，并且巴斯德因此深入研究，首次发现了传染性疾病的原理。

　　不仅病毒和细菌会侵袭昆虫，真菌、原生动物、极微小的寄生虫和其他肉眼看不见的微生物也会不时进犯。人类正受到这些微小生命的大力援助，因为它们不只包括致病的有机体，还有那些可以消除垃圾、滋养土壤，以及参与发酵和消化过程的有机体。它们难道就不能在控制昆虫方面帮助我们吗？

　　19世纪的动物学家伊里·梅奇尼科夫是第一个想到利用微生物控制昆虫的人。而利用微生物控制的观念大约在19世纪后几十年和20世纪前期这期间形成。将一种疾病引入某种昆虫的生存环境能够消灭这种昆虫的想法，在20世纪30年代后期首次得到证实。当时，人们在日本甲虫中发现了牛奶病，那是一种由杆菌类的孢子所引发的疾病，后来又加以利用。正如我在第七章所说，美国东部利用这种细菌控制日本甲虫已经有很长的历史了。

　　如今，人们又对另一种细菌寄予厚望，它就是苏云金芽孢杆菌。1911年，人们在德国图林根州首次发现了这种细菌，因为它在那里引发了地中海粉螟幼虫的致命性的败血症。其实，这种细菌的致命杀伤力并非引起疾病，而是借助于中毒。这种细菌迅速生长的枝芽及孢子中含有一种剧毒的特殊蛋白质晶体，能使某些昆虫，尤其是蛾一类的鳞翅类昆虫中毒。幼虫一旦吃了含有这种细菌的叶子，很快就会全身麻痹、无法进食，并迅速死亡。从实用的角度来看，无法进食非常之好，因为只要土地里施用了这种病菌，庄稼就会马上停止受害。美国的一些公司正在生产不同商标的苏云金芽孢杆菌芽孢化合物。还有一些国家正在进行野外试验：德国和法国为了对付菜粉蝶幼虫，南斯拉夫为了对付美国白蛾，苏联为了对付天幕毛虫。1961年，巴拿马为了解决香蕉种植者所面临的一些严重问题，也开始利用这种细菌杀虫剂进行试验。香蕉树的重要威胁——根蛀虫，经常破坏香蕉树的根部，以至于香蕉树很容易被风吹倒。一直以来，人们都在用狄氏剂对付根蛀虫，可是如今它已引发了灾难性的连锁反应，根蛀虫已然复兴。因为长期使用狄氏剂，一些重要的捕食性昆虫被杀死，结果使卷叶蛾迅速增多。这种蛾的幼虫小而强悍，常常破坏香蕉表面。我们有理由相信，新的细菌杀虫剂能在不扰乱自然平衡的前提下，将卷叶蛾和根蛀虫全部消灭。

要想对付加拿大和美国东部森林中的蚜虫、舞毒蛾等森林昆虫，细菌杀虫剂也许值得一试。1960年，两个国家都使用了苏云金芽孢杆菌商业制剂进行野外试验。前期的结果还是很令人满意的。例如，在佛蒙特州，细菌控制的最终结果不亚于DDT。现在首要解决的问题是，怎样发明一种可使细菌的孢子粘到常绿树的针叶上的溶液。这个问题对于农作物来说并不是问题，因为即便是药粉也完全能使用。特别是在加利福尼亚州，人们已尝试着在各种各样的蔬菜上使用了细菌杀虫剂。

同时，人们还围绕着病毒展开了一些研究，虽然目前并没有特别引人注意。加利福尼亚州那开满紫色小花的苜蓿原野上，到处都在喷洒一种可以杀死苜蓿毛虫的物质，这种物质与任何一种杀虫剂相比，致死能力都不逊色。它就是取自于感染了剧毒病毒的毛虫体内的一种病毒溶液。处理一英亩的紫花苜蓿，只要5只患病的毛虫提供的病毒就足够了。此外，一种能杀死松树锯齿蝇的病毒对于加拿大一些森林中的害虫防治问题作用极大，目前已取代

了曾经使用过的杀虫剂。

捷克斯洛伐克的科学家们正在研究用原生动物来消灭结网毛虫和其他害虫；美国的科学家发现了一种寄生性的原生动物，能够使玉米螟虫的产卵能力下降。

一些人认为，细菌杀虫剂或许会威胁到其他生物，但事实并非如此。昆虫病原体不像杀虫剂那样，它只会对昆虫起作用，不会伤害其他所有生物。一位杰出的昆虫病理学专家——爱德华·斯坦豪斯博士指出："实验室和自然界中从来都不存在能真正引起脊椎动物患病的昆虫病原体，人类历史上也从来没有过确实的案例。"昆虫病原体目标极其专一，有时只会对一小部分昆虫起作用，有时甚至只对一种昆虫起作用。正如斯坦豪斯博士所说，自然界中的昆虫疾病的爆发，始终仅限于昆虫世界，它既不会对宿主植物产生影响，也不会对以昆虫为食的动物产生影响。

昆虫的天敌众多，除了各种微生物，还有其他昆虫。所以，通过助长某种昆虫的天敌的发展，可以控制住该种昆虫。总的来说，这种方法应归功于1800年伊拉兹马斯·达尔文的发现。也许是因为这是首次用一种昆虫控制另一种昆虫，所以人们就误以为这是唯一可以替代化学药物的方法。

1888年，生物控制开始作为一种常规方法在美国使用，当时作为越来越多的昆虫学探险者之一的阿伯特·柯耶贝尔为了寻找绵蚧去了澳大利亚。这种昆虫严重威胁着加利福尼亚州的柑橘业。正如第十五章所提到的，这项任务已取得成功，全世界在20世纪期间一直在搜寻天敌以消灭那些入侵我国海岸边的昆虫。人们一共确定了大约100种重要的捕食性昆虫和寄生性昆虫。不仅柯耶贝尔引入了维多利亚甲虫，其他的一些昆虫也被成功引入。东部苹果园的害虫已经完全被一种从日本引入的黄蜂控制住了。此外，人们意外地从中东引入了斑点苜蓿蚜虫的一些天敌，它们成功地拯救了加利福尼亚州的紫花苜蓿业。正如黄蜂控制住了日本甲虫一样，舞毒蛾的捕食者和寄生者们对其起到了较好的控制作用。加利福尼亚州利用生物学方法控制介壳虫和多毛绵蚜，预计每年将会减少几百万美元的损失。该州一位著名的昆虫学家保罗·德伯奇博士进行了预估，如果加州在生物学控制方面投入400万美元，那么得到的收获将是10 000万美元。

全世界近40个国家都有了通过引进昆虫的天敌而成功地消除了虫灾的生物学控制案例。相对于化学方法，这种控制方法具有明显的优越性：成本低、效果持久，并且不会有残毒留下。不过长久以来，生物学控制都缺乏有力的支持。加利福尼亚州在建立完整的生物学控制计划方面，是绝无仅有的，许多州在生物控制研究方面甚至连一位昆虫学家都没有。或许，用昆虫天敌来实现生物控制的工作还欠缺严谨性。因为目前在生物控制中被捕食的昆虫受影响的情况究竟如何，目前人们还没有进行严格的研究，散布天敌时也并不精准，而这种精确性正是决定生物控制成败的关键。

捕食性昆虫和被捕食性昆虫都不会孤立生存，它们都是生命巨网的一部分，我们要对这一切进行缜密的考量。或许在森林中使用生物控制方法是最容易成功的，因为现代农业的高度人工化，已经与原始的自然状态完全不同了。而森林世界是不同的，它更接近自然环境。那里，人类的干扰和影响最少也最小，大自然可以按原本的样子随性发展，从而建立起可使自身免受虫灾的、奇妙而又复杂的平衡机制。

美国的林业种植者已经在考虑引入捕食性昆虫和寄生性昆虫来实施生物控制了。对此，加拿大人的眼光更为长远，但一些欧洲人已经走得更远了，他们的"森林卫生学"的发展简直令人惊讶。鸟、蚂蚁、森林蜘蛛和土壤细菌与树木一样，都是森林的组成部分，欧洲育林人在这种观点的指导下，也会在种植新森林时引入这些保护性的因素。首先要做的就是把鸟儿引来筑巢。如今的情形是，老的空心树已经不复存在，啄木鸟和其他在树上筑巢的鸟儿因此失去了栖息之所。为了解决这个问题，人们设计了巢箱，鸟儿果然又返回了森林。人们还专门为猫头鹰、蝙蝠搭建了巢箱，晚上它们可以在巢箱中休息，白天就在林中捉虫子。

　　不过，这只是第一步而已。欧洲森林中的控制工作最为人瞩目，这一次是人们利用了森林红蚁作为进攻性武器。可惜，北美根本没有森林红蚁。维尔茨堡大学的卡尔·格斯华特教授大约在25年前找到了一种培养森林红蚁的方法，成功培养出了红蚁群体。一万多个红蚁群体在教授的指导下，已被释放到德意志联邦共和国的90个试验地区。意大利及其他一些国家已采用了格斯华特教授的方法，他们建立起了蚂蚁农场以繁殖林区所需的蚁群。例如，在亚平宁山区，已经发展起了几百个蚁群来保护新开发的森林。德国莫尔恩的林业官海因茨·鲁佩芬博士说："你可以在森林中看到，鸟类、蚂蚁、蝙蝠和猫头鹰等都在保护着它们共同生活的地方，生态平衡已经有所改观了。"他认为，引入某种单一种类的捕食性或寄生性昆虫的效果远远比不上引入一整套森林的"天然伙伴"。

　　在莫尔恩的森林中，新的蚁群被铁丝网围起来以保护它们免受啄木鸟啄食。10年中，啄木鸟在试验地区的数量增加了400%，但并不能对蚁群造成危害，它们一般以树上的有害毛虫为食。照料这些蚁群及鸟巢箱的诸多工作都是由当地学校10—14岁的孩子组成的少年团体来做的。虽然成本很低，但这些森林得到了永久性的保护。

　　鲁佩芬博士对蜘蛛的利用也是他工作中相当有趣的地方，在这一方面，他是一位首创者。现在，关于蜘蛛分类学和自然史方面的资料非常多，但都是不成系统的，而且在作为生物学控制因素所具备的价值方面是一片空白。已知的蜘蛛种群有22 000种，其中德国原生的有760种，美国原生的有2 000种左右，德国森林中有29个蜘蛛种族。蜘蛛织造的网属于什么种类对育林人来说相当重要。造车轮状网的蜘蛛非常重要，因为网孔非常细密，任何飞虫都不能逃脱。十字蛛的一张大网直径可达16英寸，网上的黏性网结约有120 000个，一只蜘蛛在它一生的18个月中，平均能吃掉2 000只昆虫。一片森林若是在生物学上健全，那么每平方米土地上生存的蜘蛛应有50—150只。如果一些地方蜘蛛数量较少，收集和散布装有蜘蛛卵的袋状子囊是很好的补救方法。鲁佩芬博士说："三只横纹金蛛（美国就有这种蜘蛛）子囊可产生1 000只蜘蛛，它们能捕捉的飞虫达200 000只。"他还说，在春天现身的小巧纤细的小轮网蛛尤其重要，"当它们一同在树木的枝头上吐丝时，结成的网就像一个网盖一样保护着枝头的嫩芽不被飞虫吃掉"。随着这些蜘蛛蜕皮和长大，它们的网也会逐渐变大。

加拿大生物学家们的研究路线与此极为相似，虽然两地实际情况不尽相同。比如，北美的森林是自然状态生长的，而非人工种植；两地能够保护森林的昆虫种类也不太一样。加拿大的人们更为重视小型哺乳动物在控制昆虫方面的惊人能力，尤其是对那些生存于森林松软土壤中的昆虫。其中一种昆虫名叫锯齿蝇，人们之所以给它起这样的名字，是因为这种蝇的雌蝇生有一个锯齿形的产卵器，产卵时它会用产卵器锯开常绿树的针叶，将卵产在其中。孵出的幼虫会落到地面上，并在落叶松、云杉下的腐殖质土层中结成蝇茧。在森林地下的土层中遍布各种小型哺乳动物挖掘的隧道，仿佛一个蜂巢状的世界。这些小动物包括白脚鼠、田鼠和各种地鼠。在这些小小的挖掘者中，贪吃的地鼠能发现并吃掉许多锯齿蝇蛹。它们在吃蛹时会先将一只前脚踩在茧上，然后咬破一头，快速判断茧是空的还是实的。这些地鼠食量惊人，一只田鼠一天能吃掉200个蛹，而仅以这种蛹为食的某种地鼠每天能吃掉至少800个。从室内实验的结果来看，这样可以消灭75%—98%的锯齿蝇蛹。

纽芬兰岛当地因为没有地鼠而遭受锯齿蝇危害，其实并不值得奇怪。这里的人们一直希望能有一种小型哺乳动物帮助，所以他们于1958年引入了一种最有效的锯齿蝇捕食者——假面鼩鼱。加拿大政府于1962年宣称，这一举措十分成功。这些假面鼩鼱在岛上繁殖起来，并遍及该岛。在离投放点10英里远的地方，一些带有标记的鼩鼱陆续被发现。

想要维持森林的自然关系，现在已有诸多可用的办法了。在森林中，使用化学药物来控制害虫只能算是权宜之计，并不能彻底解决问题。这种方法会杀死森林小溪中的鱼类，给其他非目标性的昆虫带来灭顶之灾，并破坏大

自然的天然控制作用，而且那些我们费尽心思引入的自然控制因素也会被毁灭掉。鲁佩芬博士说，这种粗暴手段已经使"森林中生命的互相协调、互相助益的关系崩溃了，寄生虫灾害再次侵袭的时间间隔也不断缩短……所以，我们必须终结这些违反自然规律的粗暴做法，因为我们所剩的自然生存空间几乎已经不多了"。

我们与其他生物共同生存在地球上，为此我们找到了许多新颖而富于想象力、创造力的方法。这些方法都要围绕一个亘古不变的主题——我们应以何种态度对待其他生命，它们的种群、它们所受的压力和反压力、它们的兴盛与衰败。只有认真思索这种生命的力量，并且谨慎地去引导人类向有益的轨道上发展，我们才可能与昆虫和谐共存。

当下毒剂的滥用根本没有考虑这些最基本的问题。就像穴居的原始人挥舞的棍棒一样，化学药物也作为一种低级武器被用来消灭生命组织。生命从一方面来看极为衰弱，很容易被破坏；但从另一方面来看，生命又具有惊人的韧性和恢复能力，可以通过出人意料的方式进行报复。人们一直没有重视生命的这些非凡能力，所以他们只是胡乱处理着这些复杂的生命力量，开展计划时毫无理智，也毫无人道主义精神。

"控制自然"只是人类妄自尊大的产物，也是处于低级阶段的生物学和哲学的产物。当时人们认为的"控制自然"不过是希望大自然专为人类服务，给人类提供方便。应用昆虫学上的这些观念和做法基本应归因于科学的落后。这样落后的科学却配以最先进、最可怕的化学武器，这些武器在被用来消灭昆虫之时，给整个地球都带来了严重的威胁，这着实是人类的大不幸。

　　阅读了蕾切尔·卡逊的《寂静的春天》，我们从中了解到地球上的生物与环境是相互作用、互相影响的。土壤、植物、动物、水源等相互联系构成强大的生态网络，但因为人类想控制自然，控制一小部分需要消灭的害虫，进而大肆使用以DDT为代表的杀虫剂，给人类的生存环境造成了难以逆转的危害——生态破坏殆尽，也在不知不觉间累积毒物于自身甚至遗祸子孙。对于和我们共同居住在地球上的生物来说，由于我们人类的自私，它们享受阳光和雨露的权利正在被我们疯狂地剥夺着。我们必须与其他生物共同分享我们的地球……读了《寂静的春天》，你有什么感想呢？